建筑施工特种作业人员安全技术考核培训统编教材

建筑架子工

(附着升降脚手架)

主　编　任彦斌　张鸿文
副主编　周冠南

中国劳动社会保障出版社

图书在版编目(CIP)数据

建筑架子工（附着升降脚手架）/任彦斌，张鸿文主编. —北京：中国劳动社会保障出版社，2011
建筑施工特种作业人员安全技术考核培训统编教材
ISBN 978-7-5045-8968-2

Ⅰ.①建… Ⅱ.①任…②张… Ⅲ.①附着式脚手架－安全技术－技术培训－教材 Ⅳ.①TU731.2

中国版本图书馆 CIP 数据核字(2011)第 045212 号

中国劳动社会保障出版社出版发行
（北京市惠新东街 1 号 邮政编码：100029）
出 版 人：张梦欣

*

北京市艺辉印刷有限公司印刷装订 新华书店经销
850 毫米×1168 毫米 32 开本 7.75 印张 190 千字
2011 年 4 月第 1 版 2011 年 4 月第 1 次印刷
定价：21.00 元

读者服务部电话：010-64929211/64921644/84643933
发行部电话：010-64961894
出版社网址：http://www.class.com.cn

如有印装差错，请与本社联系调换：010-80497374

内容简介

本书根据《建筑施工特种作业人员管理规定》《建筑施工特种作业人员安全技术考核大纲（试行）》《建筑施工特种作业人员安全操作技能考核标准（试行）》等相关规定，介绍了建筑架子工（附着升降脚手架）必须掌握的安全技术知识和操作技能，针对各种类型的附着升降脚手架的搭设和拆除的特点，文字力求通俗易懂，内容及顺序编排尽量符合普通脚手架安装与拆卸工的工作过程，深入浅出，以便于达到学以致用的目的，突出了培训教材的实用性、实践性和可操作性。

本书共分10章，包括力学基本知识、电工基础知识、机械基础知识、液压基础知识、钢结构基础知识、起重吊装基本知识、附着升降脚手架概述、附着升降脚手架的基本结构、附着升降脚手架架体的安装与拆除和附着升降系统的安装和使用等内容。

本书既可作为建筑架子工（附着升降脚手架）的培训教材，也可作为建筑架子工的常备参考书和自学用书。

前言

建筑施工是高危行业之一，从事建筑施工的作业人员按照规定分为电工等若干工种，其安全生产管理历来受政府高度重视。所谓建筑施工特种作业人员，是指在房屋建筑和市政工程施工活动中，从事可能对本人、他人及周围设备设施的安全造成重大危害作业的人员。为加强对建筑施工特种作业人员的管理，防止和减少生产安全事故，住房和城乡建设部于2008年先后发布施行了《建筑施工特种作业人员管理规定》（以下简称《规定》）和《关于建筑施工特种作业人员考核工作的实施意见》。根据《建设工程安全生产管理条例》和《安全生产许可证条例》相关规定，建筑施工特种作业人员必须按照国家有关规定经过专门的安全作业培训，并取得特种作业操作资格证书后，方可上岗作业。特种作业人员的安全技术考核培训和管理工作又上了一个新台阶。

目前，建筑施工特种作业人员培训考核工作已经正式开展并取得良好的效果，培训单位和培训人员急需有针对性和实用性的教材。鉴于此，根据住房城乡建设部颁布的《规定》和《建筑施工特种作业人员安全技术考核大纲（试行）》《建筑施工特种作业人员安全操作技能考核标准（试行）》的要求，我们组织编写了“建筑施工特种作业人员安全技术考核培训统编教材”。本套教材共14种：《建筑施工特种作业安全生产知识》《建筑电工》《建筑焊工》《建筑架子工（普通脚手架）》《建筑架子工（附着升降脚手架）》《建筑起重司索信号工》《建筑起重机械司机（塔式起重机）》《建筑起重机械司机（流动式起重机）》《建筑起重机械司机

（施工升降机）》《建筑起重机械司机（物料提升机）》《建筑起重机械安装拆卸工（塔式起重机）》《建筑起重机械安装拆卸工（施工升降机）》《建筑起重机械安装拆卸工（物料提升机）》；《高处作业吊篮安装拆卸工》，其中，《建筑施工特种作业安全生产知识》为每个工种必修的基础知识，为通用教材。

本套教材针对建筑施工特种作业人员各工种的安全技术考核培训，紧扣考核大纲和技能操作考核标准，具有科学性、实用性和适用性的特点，内容深入浅出，通俗易懂并图文并茂。本套教材编写过程中，得到了地方建筑工程管理局、相关高职院校、培训单位和企业的专家、学者的积极参与和稿件的审读工作，各书种主编都具有多年从事建筑特种作业人员培训的授课老师，使教材真正达到“少而精”“实用、管用”。参加本套书组织和编写的人员有：仝茂祥、徐惠、胡世杰、叶琦、黄代高、吴建华、王有志、鲍利、任彦斌、黄小明、程国强、张鸿文、孙超、周冠南、文熠。

由于时间关系，难免有错误和不足之处，欢迎广大的读者给予批评指正。

编写工作组

2010 年 7 月

目　录

第一章

力学基本知识

第一节　力的基本概念

一、力

力的概念来源于生产实践。伽利略和牛顿在总结前人成果的基础上，对力作了如下定义：力是物体之间的相互作用。这种作用的结果，一是使物体发生变形，例如，力作用在脚手架的绑扎钢丝上，能使钢丝拉直、压弯、伸长等，称为力的内效应；二是使物体的运动状态发生改变，称为力的外效应，例如，人工推小车，可以使小车由静止转变为运动，并使小车速度加快、变慢或转向等。为了方便研究力对物体的作用，对那些受力后变形很微小，或在工程上可以忽略该变形的物体，称为“刚体”，即刚体是在任何外力作用下，大小和形状保持不变的物体。

力对物体的作用效果取决于三个要素：力的大小、方向、作用点。力的大小反映物体相互间作用的强弱程度，它可以通过力的外效应和内效应的大小来度量。力的方向表示物体间的相互作用具有方向性，它包括力所顺沿的直线（称为力的作用线）在空间的方位和力沿其作用线的指向。力的作用点是物体间相互作用位置的抽象化表现。力的三要素中的任何一个如有改变，则力对物体的作用效果也将改变。

力的三要素表明力是定位矢量，可用一条沿力的作用线的有向线段来表示。此有向线段的起点或终点表示力的作用点；此线段的长度按一定的比例表示力的大小；此线段与某定直线的夹角表示力的方位，箭头表示力的指向。如图 1—1 所示，物体 A 点受到力 F 的作用。

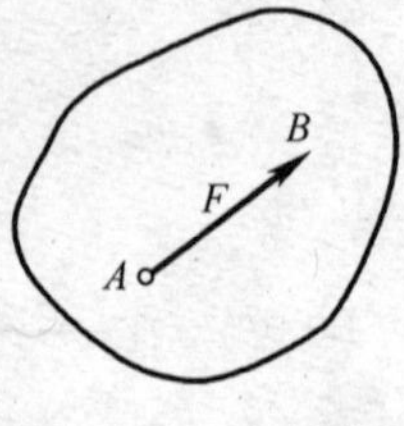

图 1—1　力的图示法

在国际计量单位制中，力的单位用牛顿（N）或千牛顿（kN）表示。工程上习惯采用公斤力、千克力（kgf）和吨力（tf）表示。它们之间的换算关系为：

1 牛顿（N）＝0.102 公斤力（kgf）

1 吨力（tf）＝1 000 公斤力（kgf）

1 公斤力（kgf）＝1 千克力（kgf）＝9.807 1 牛顿（N）

工程上通常粗略地按 1 千克力（kgf）＝10 牛顿（N）进行换算。

二、力矩和力偶

1. 力矩

从实践中知道，力除了能使物体移动外，还能使物体转动。试观察用扳手拧紧螺钉（见图 1—2），力 F 使扳手连同螺钉绕 O 点（即绕通过 O 点垂直于纸面的轴）转动。由经验得知，力的数值 F 越大，螺钉拧得越紧，力的作用线离螺钉中心越远，拧紧螺钉时越省力。用钉锤拔钉子（见图 1—3）也具有类似的性质。

许多这样的实例，使我们获得这样一种概念：力 F 使物体绕 O 点转动的效应，不仅与力的大小有关，而且还与 O 点到力的作用线的垂直距离 h 有关，因此乘积 $F \cdot h$ 就是力的转动效应的度量，该乘积取适当的正负号，称为力 F 对 O 点的矩，简称力矩。正负号用以区别力 F 使物体绕 O 点转动的方向，所以力矩可用一个代数量表示，如图 1—4 所示。

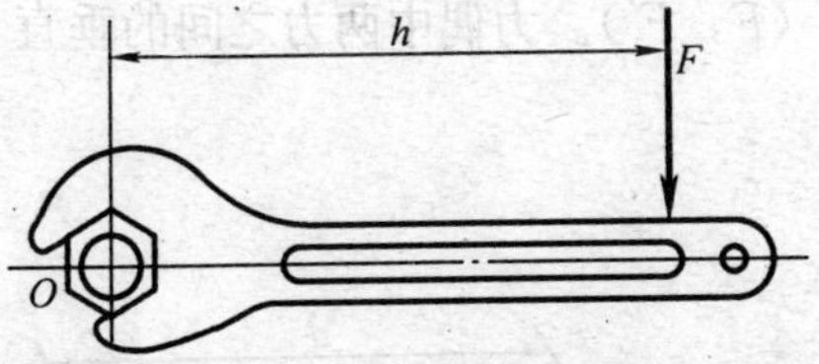

图 1—2　扳手拧紧螺钉

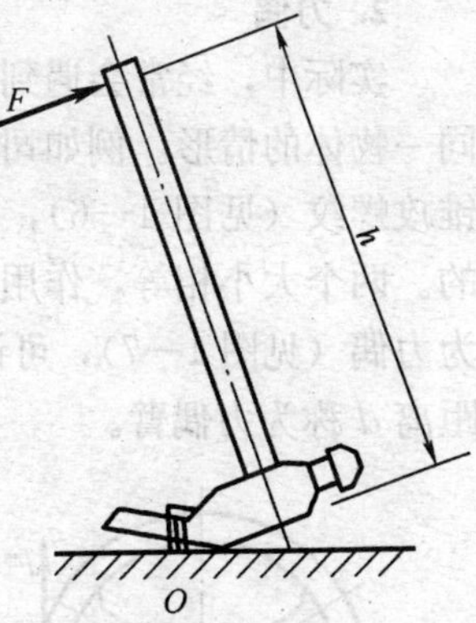

图 1—3　钉锤拔钉

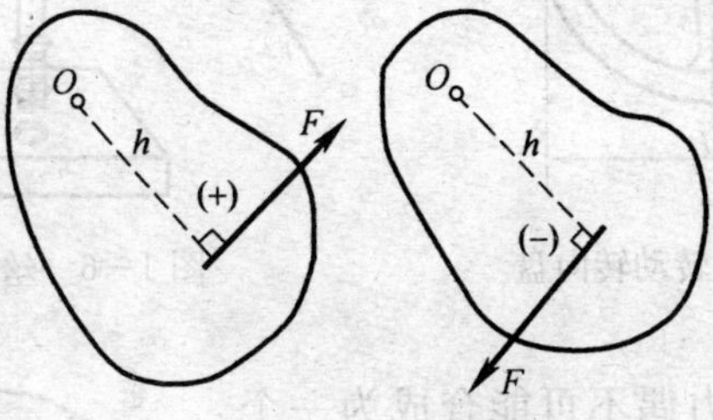

图 1—4　力矩

力矩的概念可以推广到普遍情形。设平面上作用一力 F，在同平面内任取一点 O 称为矩心，O 点到作用线的垂直距离 h 称为力臂，则在平面问题中，力对点的力矩可以用一个代数量表示，其绝对值等于力的大小和力臂的乘积，它的正负号通常规定为：力使物体绕矩心逆时针方向转动时为正，反之为负。

力 F 对 O 点的力矩可用符号 $m_o(F)$ 表示，其计算公式为：

$$m_o(F) = \pm Fh$$

力矩在两种情况下等于零，即力等于零或力的作用线通过矩心。力矩的单位为牛顿·米（N·m），也可为千牛·米（kN·m）。

2. 力偶

实际中，经常会遇到两个大小相等的反向平行力同时作用于同一物体的情形。例如司机转动转向盘（见图 1—5），钳工用丝锥攻螺纹（见图 1—6），以及用手拧水龙头等，都是这样加力的。两个大小相等，作用线不重合的反向平行力组成的力系，称为力偶（见图 1—7），可记作（F，F'）。力偶中两力之间的垂直距离 d 称为力偶臂。

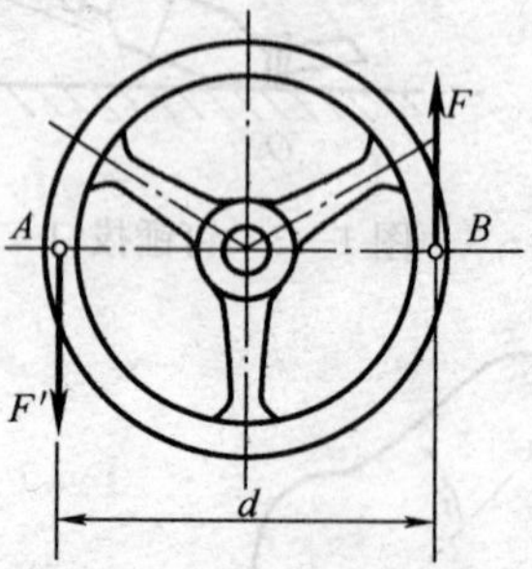

图 1—5　转动转向盘

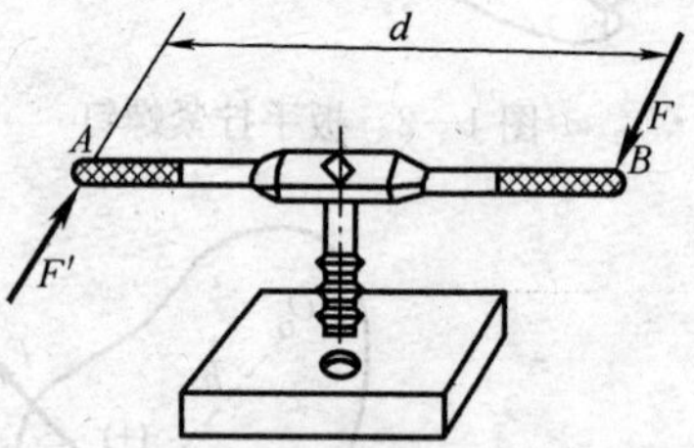

图 1—6　丝锥攻螺纹

很显然，力偶不可能合成为一个力，或用一个力来等效替换，因而力偶也不能用一个力来平衡。力和力偶是力学中的两个基本物理量。力可使物体发生转动和移动，但力偶只能使物体转动或改变物体的转动状态。

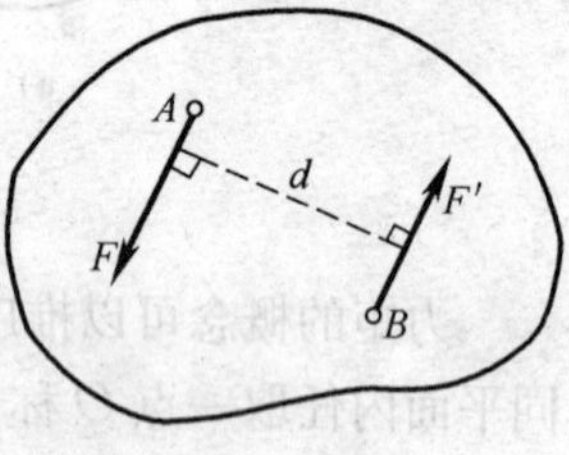

图 1—7　力偶

怎样度量力偶对物体的作用效应呢？实验证明：力偶对作用面内任一点的力矩恒等于力偶中一个力的大小和力偶臂的乘积，它与力偶的旋转方向有关而与矩心的位置无关。

力与力偶臂的乘积 $F \cdot d$ 加上适当的正负号，称为力偶矩，可记作 m（F，F'）或简写为 m，公式为：

$$m = \pm Fd$$

公式中正负号的规定是逆时针转动为正，反之为负，如图1—8所示。力偶矩的单位和力矩相同，也是牛顿·米（N·m）。

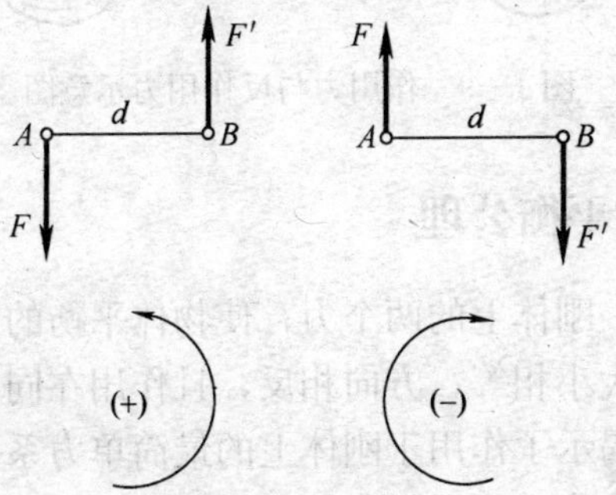

图1—8　力偶矩

第二节　静力学公理

人类在长期的生产和生活实践中，经过反复观察和实验总结出了关于力的普遍规律，它们是力的基本性质的概括和总结。

一、作用与反作用公理

两个物体间的作用力和反作用力，总是大小相等，方向相反，沿同一直线，并分别作用在两个物体上。

这个公理概括了任何两个物体之间相互作用力的关系。如有作用力，就必然有反作用力，两者总是同时存在，又同时消失。如图1—9所示的物体A对物体B施加了作用力F，同时，物体A也受到了物体B对它的反作用力F'，且这两个力大小相等，方向相反，沿同一直线作用。

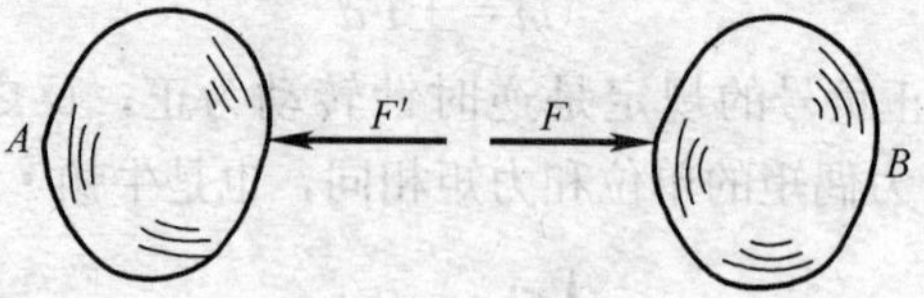

图 1—9　作用力与反作用力示意图

二、二力平衡公理

作用在同一刚体上的两个力，使物体平衡的充分和必要条件是：这两个力大小相等，方向相反，且作用在同一直线上。

这个公理揭示了作用于刚体上的最简单力系平衡时所必须满足的条件，可称为二力平衡条件。如图 1—10 所示为受两个力作用的刚体，很显然，刚体平衡的条件是：两个力 F_A 和 F_B 等值、反向、共线。

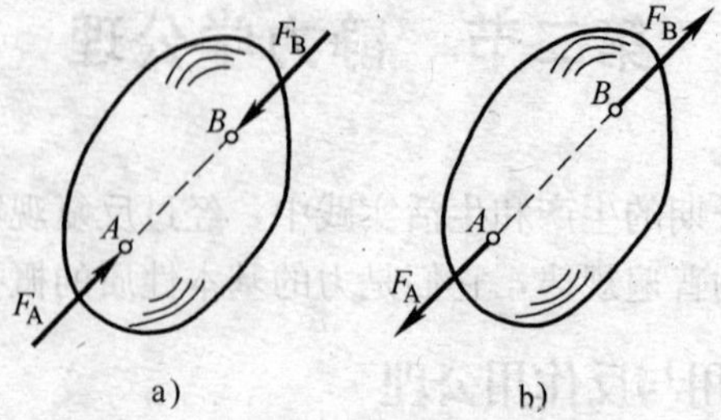

图 1—10　二力平衡条件示意图

必须注意，不能把二力平衡问题和作用力与反作用力关系混淆起来。二力平衡公理的两个力是作用在同一物体上，而且是使物体平衡的。作用与反作用公理中的两个力是分别作用在两个不同的物体上，说明一种相互作用关系，虽然都是大小相等，方向相反，作用在同一条直线上，但不能说是平衡。

三、力的平行四边形公理

作用于物体上同一点的两个力，可以合成为一个合力，合力也作用于该点，合力的大小和方向由这两个力为边所构成的平行四边形的对角线来表示，如图 1—11 所示。

这个公理说明力的合成遵循矢量加法，其矢量表达式为：

$$R=F_1+F_2$$

即合力 R 等于两分力 F_1、F_2的矢量和。为了简便，在利用作图法求两共点力的合力时，只需画出平行四边形的一半即可。其方法是：先从两个分力的共同作用点画出某一个分力，再由此分力的终点画出另一合力，最后由第一个分力的起点至第二个分力的终点作一矢量，即为合力，作出的三角形称为力三角形，这种求合力的方法称为力的三角形法则，如图 1—12 所示。

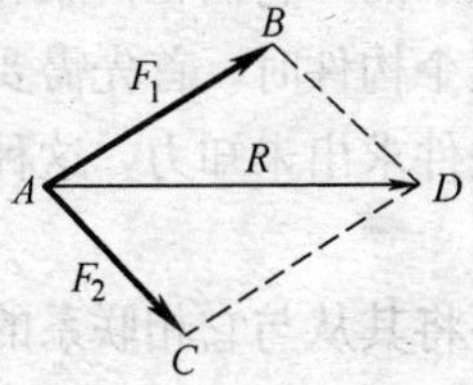

图 1—11　力的平行四边形合成

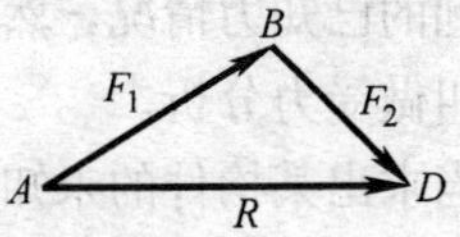

图 1—12　力的三角形合成

两个共点力可以合成一个力，反之，一个已知力也可以分解为两个分力。但是，将一个已知力分解为两个分力有无数种方法。因为以一个力的矢量为对角线的平行四边形可作无数个。如图 1—13 所示，力 F 既可以分解为 F_1和 F_2，也可以分解为 F_3和 F_4。要得出唯一的解答，必须给出限制条件。在工程中，常把一个力 F 沿直角坐标轴方向分解，可得出两个相互垂直的分力 F_X和 F_Y，如图 1—14 所示，F_X和 F_Y的大小可由三角函数公式求得。

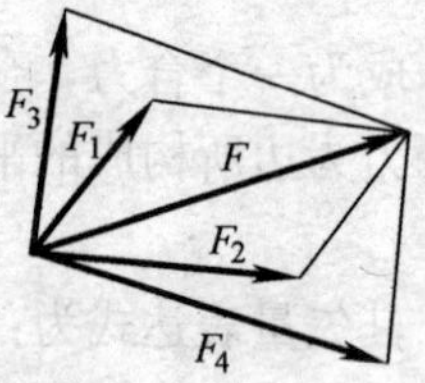

图 1—13　力的分解示意图

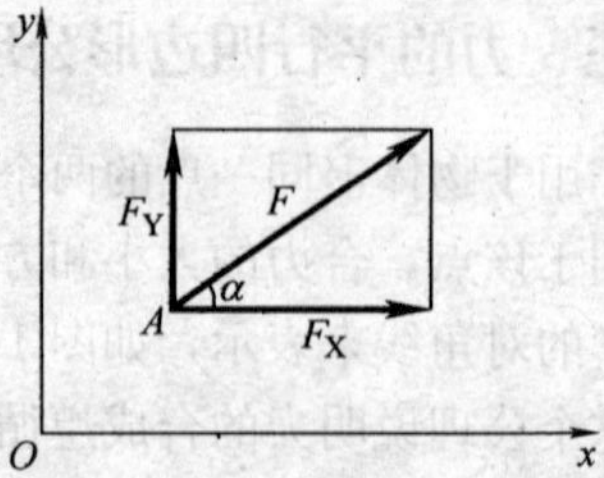

图 1—14　力沿直角坐标轴的分解示意图

力的平行四边形法则既是力系简化的基础，又是力分解时所应遵循的法则。

四、结构受力分析

工程结构中各个构件之间是相互联系的，它们在荷载和支座反力的共同作用下保持平衡，当计算某个构件时，首先需要分析其受到的已知力情况，然后根据平衡条件求出未知力，这种分析过程叫做受力分析。

当求出某构件的未知力时，通常要将其从与它相联系的结构体系中分离出来。这种从周围物体中单独分离出来的研究对象，称为分离体。在分离体上画出它所受到的全部主动力和约束反力，这样所得到的图形称为受力图。画受力图是解决力学问题的关键，是进行力学计算的依据。

通过以上分析，可将画受力分析图分为以下三个步骤：

（1）确定研究对象。将研究对象与周围其他物体之间的约束全部解除，单独画出该研究对象。

（2）将作用在研究对象上的所有已知的主动力画上。

（3）分析约束条件，确定并画上所有约束反力（支座反力）。

例题：由水平杆 AB 和斜杆构成的支架，如图 1—15 所示。在 AB 杆上放置一重为 P 的物体 W，A、B、C 处都采用铰链连接。各杆的自重不计，各接触面都是光滑的。试分别画出重物 W、水平杆 AB、斜杆 BC 和整体的受力图。

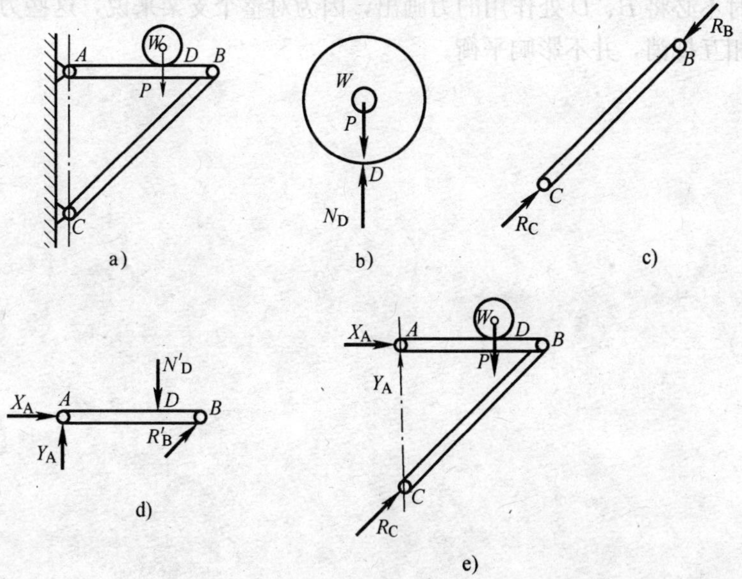

图 1—15　支架

解：①先作重物 W 的受力图。主动力是重物的重力 P，约束反力是 N_D，如图 1—15b 所示。

②再作斜杆 BC 的受力图。BC 杆的两端采用铰链连接，约束反力的方向本来是不定的，但因杆中间不受任何力的作用，且杆的自重也忽略不计，所以斜杆 BC 只在两端受到 R_B 和 R_C 两个力的作用而处于平衡。由二力平衡规则可知，此两力的作用线必定沿两铰链的中心 B 和 C 的连线，指向可任意假定，如图 1—15c 所示。只受两力作用而平衡的杆件称为二力杆。

③作水平杆 AB 的受力图。A 处采用铰链约束，其反力可用 X_A 和 Y_A 表示，而 D 和 B 处的约束反力 N_D' 和 R_B' 与 N_D 和 R_B 分

别是作用力和反作用力的关系，如图 1—15d 所示。

④最后作整体的受力图。其受力状况如图 1—15e 所示。此时不必将 B、D 处作用的力画出，因为对整个支架来说，这些力相互抵消，并不影响平衡。

第二章

电工基础知识

第一节　电学的基本物理量

一、电量

自然界中的一切物质都是由分子组成的，分子又是由原子组成的，而原子是由带正电荷的原子核和一定数量带负电荷的电子组成的。在通常情况下，原子核所带的正电荷数等于核外电子所带的负电荷数，原子对外不显电性。但是，用一些办法，可使某种物体上的电子转移到另外一种物体上。失去电子的物体带正电荷，得到电子的物体带负电荷。物体失去或得到的电子数量越多，则物体所带的正、负电荷的数量也越多。

物体所带电荷数量的多少用电量来表示。电量是一个物理量，它的单位是库仑，用字母 C 表示。1C 的电量相当于物体失去或得到 6.25×10^{18} 个电子所带的电量。

二、电流

电荷的定向移动形成电流。电流有大小，有方向。

1. 电流的方向

人们规定正电荷定向移动的方向为电流的方向。金属导体中，电流是电子在导体内电场的作用下定向移动的结果，电子流的方向是负电荷的移动方向，与正电荷的移动方向相反，所以金属导体中电流的方向与电子流的方向相反，如图 2—1 所示。

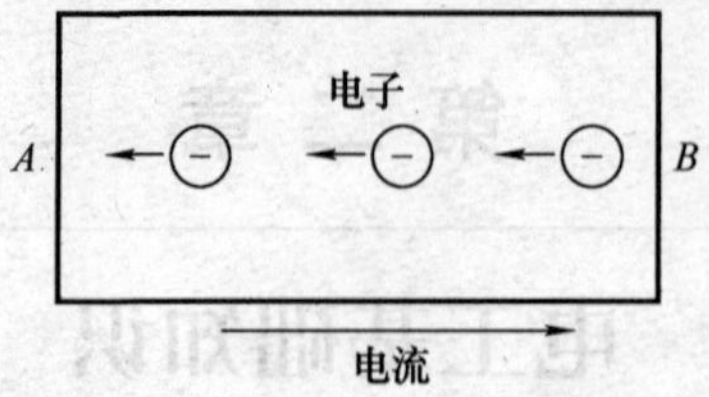

图 2—1　金属导体中的电流方向

2. 电流的大小

电学中用电流强度来衡量电流的大小。电流强度就是单位时间内通过导体横截面的电量。电流强度用字母 I 表示，计算公式如下：

$$I=Q/t$$

式中 I——电流强度，A；

Q——在 t 时间内通过导体横截面的电量，C；

t——时间，s。

实际使用时，人们把电流强度简称为电流。电流的单位是安培，简称安，用字母 A 表示。如果 1 s 内通过导体横截面的电量为 1 C，则该电流为 1 A。实际应用中，除单位安培（A）外，还有千安（kA）、毫安（mA）和微安（μA）。它们之间的关系为：

$$1\ \text{kA}=10^3\ \text{A}$$

$$1\ \text{A}=10^3\ \text{mA}$$

$$1\ \text{mA}=10^3\ \mu\text{A}$$

三、电压

为了弄清楚电荷在导体中定向移动而形成电流的原因，可以对照图 2—2a 水流的形成来理解这个问题。

如图 2—2a 所示，水由 A 槽经 C 管向 B 槽流去。水之所以能在 C 管中定向移动，是由于 A 槽水位高，B 槽水位低所致。

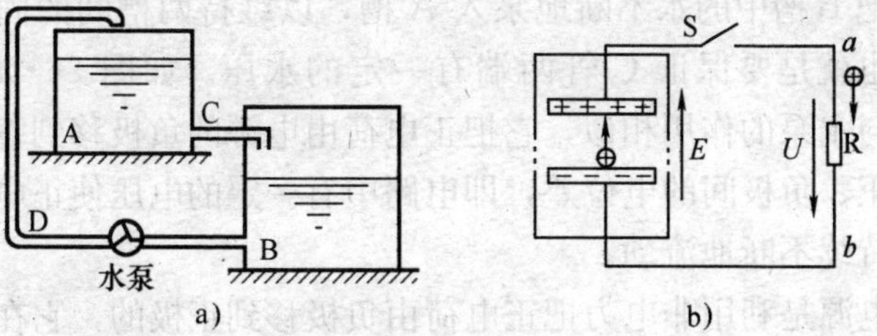

图 2—2　水流和电流的形成

a）水流的形成　b）电流的形成

A、B 两槽之间的水位差即水压，是实现水形成水流的原因。与此类似，当图 2—2b 中的开关 S 闭合后，电路里就有电流。这是因为电源的正极电位高，负极电位低。两个极间的电位差（电压）使正电荷从正极出发，经过负载 R 移向负极形成电流。所以，电压是自由电荷发生定向移动形成电流的原因。在电路中电场力把单位正电荷由高电位 a 点移向低电位 b 点所做的功称为两点之间的电压，用 U_{ab} 表示。所以电压是 a 与 b 两点间的电位差，它是衡量电场力做功本领大小的物理量。

电压用字母 U 表示，单位为伏特，电场力将 1 库仑电荷从 a 点移到 b 点所做的功为 1 焦耳，则 ab 间的电压值就是 1 伏特，简称伏，用字母 V 表示。常用的电压单位还有千伏（kV）、毫伏（mV）等。它们之间的关系为：

$$1\ \mathrm{kV}=10^3\ \mathrm{V}$$

$$1\ \mathrm{V}=10^3\ \mathrm{mV}$$

电压与电流相似，不但有大小，而且有方向。对于负载来说，电流流入端为正端，电流流出端为负端。电压的方向是由正端指向负端，也就是说负载中电压实际方向与电流方向一致。在电路图中，用带箭头的细实线表示电压的方向。

四、电动势、电源

如图 2—2a 所示，为使水在 C 管中持续不断地流动，必须用水泵把 B 槽中的水不断地泵入 A 槽，以维持两槽间的固定水位差，也就是要保证 C 管两端有一定的水压。如图 2—2b 所示，电源与水泵的作用相似，它把正电荷由电源的负极移到正极，以维持正、负极间的电位差，即电路中有一定的电压使正电荷在电路中持续不断地流动。

电源是利用非电力把正电荷由负极移到正极的，它在电路中将其他形式的能转换成电能。电动势就是衡量电源能量转换本领的物理量，用字母 E 表示，它的单位也是伏特，简称伏，用字母 V 表示。

电源的电动势只存在于电源内部。人们规定电动势的方向在电源内部由负极指向正极。在电路中也用带箭头的细实线表示电动势的方向，如图 2—2b 所示。当电源两端不接负载时，电源的开路电压等于电源的电动势，但二者方向相反。

五、电阻

一般来说，导体对电流的阻碍作用称为电阻，用字母 R 表示。电阻的单位为欧姆，简称欧，用字母 Ω 表示。

如果导体两端的电压为 1 伏，通过的电流为 1 安，则该导体的电阻就是 1 欧。

常用的电阻单位还有千欧（kΩ）、兆欧（MΩ）。它们之间的关系为：

$$1\ \mathrm{k\Omega}=10^3\ \Omega$$

$$1\ \mathrm{M\Omega}=10^3\ \mathrm{k\Omega}$$

应当强调指出：电阻是导体中客观存在的，它与导体两端电压变化情况无关，即使没有电压，导体中仍然有电阻存在。实验证明，当温度一定时，导体电阻只与导体材料及其几何尺寸有关。对于一根材质均匀、长度为 L、横截面面积为 S 的导体而言，其电阻大小可用下式表示：

$$R=\rho\frac{L}{S}$$

式中 R——导体电阻，Ω；

L——导体长度，m；

S——导体横截面面积，mm^2；

ρ——电阻率，Ω·m。

式中电阻率是与导体材料性质有关的物理量。电阻率的大小等于长度为1 m、横截面面积为1 mm^2的导体在一定温度下的电阻值，其单位为欧·米（Ω·m）。例如，铜的电阻率为1.7×10^{-8} Ω·m，是指长为1 m、横截面面积为1 mm^2的铜线的电阻是1.7×10^{-8} Ω。

六、电功、电功率

电流通过用电器时，用电器将电能转换成其他形式的能，如热能、光能和机械能等。这种把电能转换成其他形式的能的过程叫做电流做功，简称电功，用字母W表示。电流通过用电器所做的功与用电器的端电压、流过的电流、所用的时间和电阻有以下的关系：

$$W=UIt=I^2Rt=U^2t/R$$

如果上面公式中，电压单位为伏，电流单位为安，电阻单位为欧，时间单位为秒，则电功单位就是焦耳，简称焦，用字母J表示。

电流在单位时间内通过用电器所做的功称为电功率，用字母P表示。其数学表达式为：

$$P=W/t$$

电功率的单位是焦耳/秒，又叫瓦特，简称瓦，用字母W表示。在实际工作中，常用电功率单位还有千瓦（kW）、毫瓦（mW）等。它们之间的关系为：

$$1\ kW=10^3\ W$$

$$1\ W=10^3\ mW$$

第二节　电　　路

一、电路的组成和作用

电流所流过的路径称为电路。它是由电源、负载、开关和连接导线四个基本部分组成的，如图 2—3 所示。

电源是把非电能转换成电能并向外提供电能的装置。常见的电源有干电池、蓄电池和发电机等。

负载是电路中用电器的总称，它将电能转换成其他形式的能。如电灯把电能转换成光能，电烙铁把电能转换成热能，电动机把电能转换成机械能。

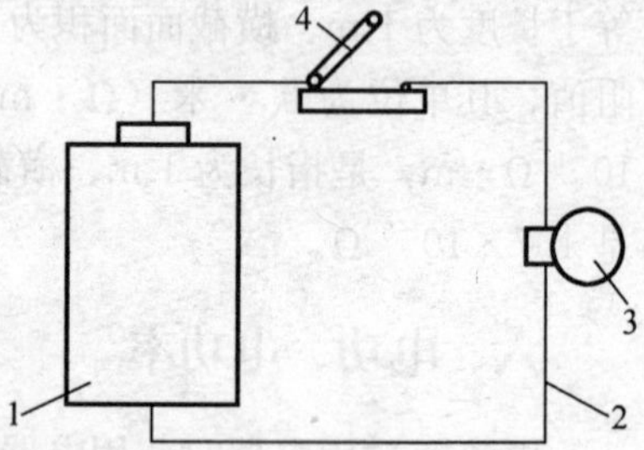

图 2—3　电路的组成

1—电源　2—导线　3—负载　4—开关

开关属于控制电器，用于控制电路的接通或断开。

连接导线将电源和负载连接起来，担负着电能传输和分配的任务。

电路的电流方向是由电源正极经负载流到电源负极，在电源内部，电流由负极流向正极，形成一个闭合通路。

二、电路图

在设计、安装或维修各种实际电路时，经常需画出表示电路连接情况的图，如图 2—3 所示的实物连接图，虽然直观，但画很麻烦。所以在实际应用中很少画实物图，而是画电路图。所谓电路图就是用国家统一规定的符号，来表示电路连接情况的图。图 2—4 是图 2—3 的电路图。

三、电路的三种状态

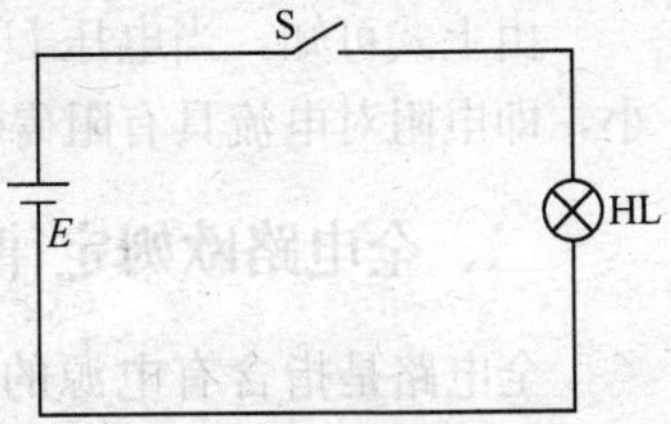

图 2—4 电路图

电路有三种状态，即通路、开路、短路。

通路是指电路处处接通。通路也称为闭合电路，简称闭路。只有在通路的情况下，电路才有正常的工作电流。

开路是电路中某处断开，没有形成通路的电路。开路也称为断路，此时电路中没有电流。

短路是指电源或负载两端被导线连接在一起，分别称为电源短路或负载短路。短路时电源提供的电流要比通路时提供的电流大很多倍，通常是有害的，也是非常危险的，所以一般不允许电源短路。

第三节 欧姆定律

欧姆定律是反映电路中的电动势、电压、电流和电阻之间关系的定律，应用十分广泛。

一、部分电路欧姆定律

如图 2—5 所示为一段不包含电源，只有电阻的部分电路。

实验证明，电路中电流 I 的大小与电阻两端电压 U 成正比，与电阻 R 成反比，即：

$$I=U/R$$

还可以写成

$$U=IR \text{ 或 } R=U/I$$

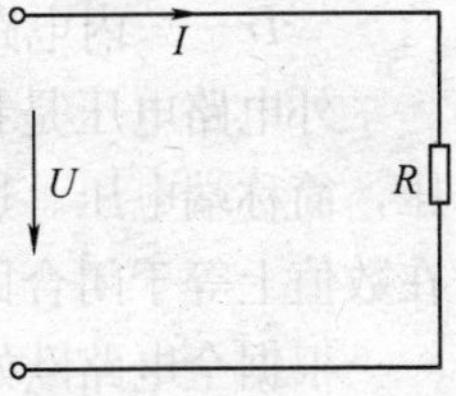

图 2—5 部分电路

由上式可知，当电压 U 一定时，电阻 R 越大，则电流 I 越小，即电阻对电流具有阻碍作用。

二、全电路欧姆定律

全电路是指含有电源的闭合电路。全电路是由各段电路连接成的闭合电路。如图 2—6 所示，全电路包括电源内部电路和电源外部电路，电源内部电路简称内电路，电源外部电路简称外电路。

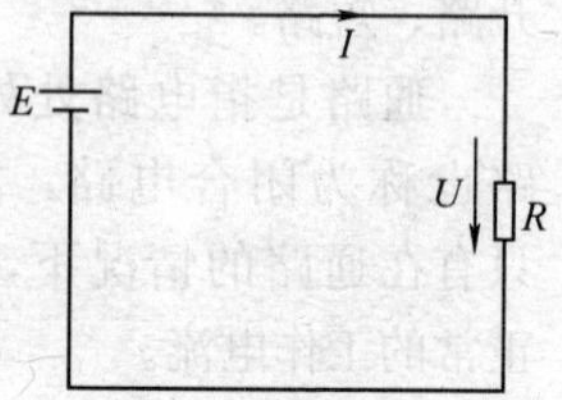

图 2—6　全电路

在全电路中，电源电动势 E、电源内电阻 r、外电路电阻 R 和电路电流 I 之间的关系为：

$$I=\frac{E}{R+r}$$

式中　I——电路中的电流，A；

E——电源电动势，V；

R——外电路电阻，Ω；

r——内电路电阻，Ω。

上式是全电路欧姆定律。定律说明电路中的电流与电源电动势成正比，与整个电路的电阻成反比。

将上式变换后得到：

$$E=IR+Ir=U+Ir$$

式中　U——外电路电压，V

Ir——内电路电压，V。

外电路电压是指电路接通电源两端的电压，又叫做路端电压，简称端电压。这样，上式的含义又可以叙述为：电源电动势在数值上等于闭合回路的各部分电压之和。

根据全电路欧姆定律研究全电路处于三种状态时，全电路中电压与电流的关系如下。

1. 当全电路处于通路状态时，由公式 $E=IR+Ir=U+Ir$ 可以得出端电压为：

$$U=E-Ir$$

由公式可知，随着电流的增大，外电路电压减小。电源内阻越大，外电路电压减小得越多。当负载为直流负载时，需要恒定电压供电，所以总是希望电源内阻越小越好。

2. 当全电路处于断路状态时，相当于外电路电阻值趋于无穷大，此时电路电流为零，内电路电压为零，外电路电压等于电源电动势。

3. 当全电路处于短路状态时，外电路电阻值趋近于零，此时电路电流叫短路电流。由于电源内阻很小，所以短路电流很大。短路时外电路电压为零，内电路电压等于电源电动势。

全电路处于三种状态时，电路中电压与电流的关系见表 2—1。

表 2—1　　　　全电路中电压与电流的关系

电路状态	负载电阻	电路电流	外电路电压
通路	$R=$常数	$I=\frac{E}{R+r}$	$U=E-Ir$
开路	$R\to\infty$	$I=0$	$U=E$
短路	$R\to 0$	$I=\frac{E}{r}$	$U=0$

第四节　安全用电

一、触电事故的类型

人体接触或接近带电体，而引起局部受伤或死亡的现象称为触电。

常见的触电原因有三个方面：一是缺乏电气知识，如用潮湿的手去开关电灯，或者发现有人触电时，不去迅速拉断电源，而直接去拉触电者造成触电；二是违章操作，明知不准带电操作，而冒险进行，结果触电受伤或死亡；三是输电线或电气设备的绝缘老化或破损造成漏电，人体触碰时造成触电事故。

触电方式有两种，一是人体直接与正常带电体接触。如图2—7a 所示，在三相四线制配电中，人的手触及一根相线时称为单相触电。这时人体处在相电压下，电流从人手经过全身，由脚经地回到电源中线，这是十分危险的。如果脚与地面橡胶绝缘，则回路电阻增加，电流减小，危险性会大大减小。若身体出汗或赤脚着地，回路电阻减小，危险性增加。

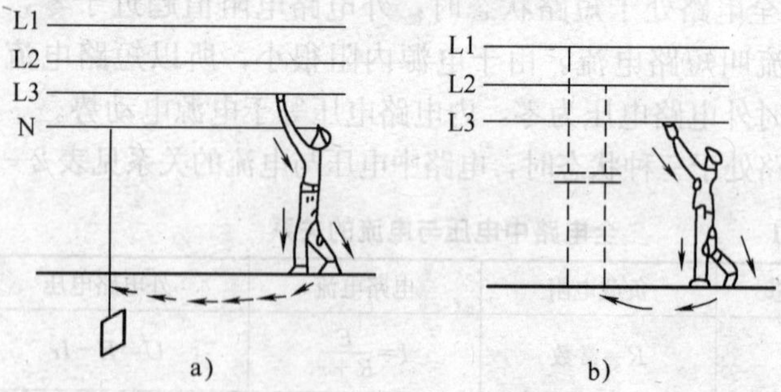

图 2—7　单相触电

a）三相电源中线接地　b）三相电源中线不接地

在三相三线制的配电线路中，没有中线，但输电线与大地之间存在电容，交流电也能形成通路。一只手触及任一相线时，能形成单相触电，如图 2—7b 所示。

在三相电路中，若人体与两根相线接触，如图 2—8 所示为两相触电。此时，人体在线电压作用下，危险性变大。

另一种触电方式是与正常工作的不应带电的金属部分接触而触电。例如，由于定子绕组绝缘损坏，漏电绕组与电动机金属外壳相碰，人体触及外壳时便会触电，如图 2—9 所示。

图 2—8　两相触电

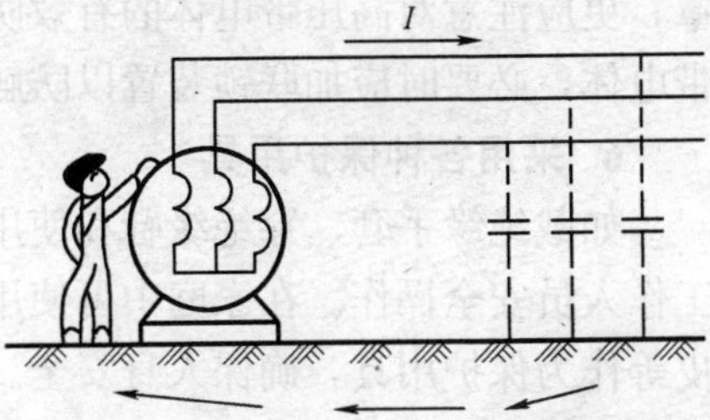

图 2—9　人体触及漏电外壳触电

二、常用的安全用电措施

安全用电的基本原则是不接触低压带电体，不靠近高压带电体。常采用的安全用电措施如下：

1. 火线必须进开关

在开关处于分断状态时，该电器不带电，有利于维修和避免触电。

2. 合理选择照明电压

照明应选 36 V 以下电压供电。

3. 合理选择导线和熔丝

导线通过电流时，不允许过热，所以导线的额定电流应比实际电流大些。而熔丝在电路中起保护作用，电路短路时要求熔丝能迅速熔断，应选用可承受的电流比额定电流稍大的熔丝来保护较大电流的电路。

4. 电气设备应有一定的绝缘电阻

电气设备的金属外壳与通电线路之间必须有一定的绝缘电阻，否则当人体触及正在工作的电气设备（如电动机、电风扇）的金属外壳时，就会触电。通常要求固定电气设备的绝缘电阻不应小于 1 MΩ，可移动的电气设备绝缘电阻应大于 1 MΩ。

5. 电气设备的安装要正确

应根据安装说明书进行电气设备的安装。带电部分应加防护罩，更应注意对高压带电体的有效防护，使一般人无法靠近高压带电体，必要时应加联锁装置以防触电。

6. 采用各种保护用具

如戴绝缘手套、穿绝缘鞋和使用绝缘钳、棒、垫等，以保证工作人员安全操作。在家庭中可使用干燥的木质桌凳、玻璃、橡皮等作为保护用具，确保人身安全。

7. 正确使用移动电具

使用手电钻等移动电具，必须戴绝缘手套，调换钻头时应切断电源。

8. 严查违章冒险行为

一般不允许带电操作，紧急情况下急需处理带电电器时，应用一只手操作，而应将另一只手放在衣袋中，以降低触电风险。

9. 正确认知、遵守安全标志要求

目前企业用电比较规范，重要场合都有明显的标志，要养成正确认知、遵守安全标志要求的习惯。

三、触电人员的脱险及急救

凡遇到触电者，救护人员要采取最快的办法，使触电者迅速脱离电源。如果距离电源开关或插座较近，应当立即切断电源，或者用干燥的竹竿或木棒打掉带电体，使触电者脱离电源。救护者也可用绝缘钳或戴绝缘手套、穿绝缘鞋，将触电者拉离电源，千万不能直接用手去拉触电者。

在触电者脱离电源后，应立即进行现场紧急救护，并及时报告医院。当触电者还未失去知觉时，应将其抬到空气流通的地方休息，禁止其走动。当触电者出现心脏停搏、无呼吸等假死现象时，应在现场采用人工呼吸或胸外挤压法进行抢救，决不能给休克者注射强心针剂。

第三章

机械基础知识

第一节 机械概述

机械是机器和机构的总称，在机械系统中，将其他形式的能量转换为机械能的机器称为原动机，如电动机、内燃机等；利用机械能转换或传递能量的机器称为工作机，如起重机、各种输送机、金属切削机床等。

机器一般包含四个基本组成部分：动力部分、传动部分、控制部分和执行部分。动力部分可采用电力、液压、热力、风力作为动力源。传动部分和执行部分主要由各种机构组成，是机器的主体。控制部分主要包括各种控制机构、电气装置、计算机、液压和气压控制系统等。

机器组成中不能再拆的基本单元叫机械零件，或简称零件。如螺栓、齿轮、轴、弹簧等，按国家标准或行业标准生产的，称为标准件或通用零件；而顶杆、连杆、活塞、曲轴等由于其使用的专一性，称为专用零件。组成机械的各个相对运动的实物称为构件，构件可以是单一的零件，也可以是多个零件的刚性组合体。由多个构件以一定方式组成，并具有确定相对运动的构件系统称为机构。如两个齿轮构件相互啮合，各自具有确定的相对运动，传递运动和力，称为齿轮机构。机器中常用的机构有连杆机构、凸轮机构、轮系、蜗轮蜗杆机构等。机构中固定不动的构件称为机架。由此可见，机器是由机构组成的，但从运动观点来看，两者并无差别，工程上统称为机械。

第二节　机械常用材料

一、钢

钢是碳的质量分数在2.11％以下，并含有其他元素的铁碳合金。钢是应用最广泛的机械工程材料，在工业生产中起着十分重要的作用。

二、铸铁

铸铁是碳的质量分数在2.11％以上的铁碳合金。除碳以外，铸铁还含有较多的硅、锰和其他一些杂质元素。同钢相比，铸铁熔炼简便，成本低廉，虽然强度、塑性和韧性低，但是具有铸造性能优良、减摩性和耐磨性较高、消振性和切削加工性良好以及缺口敏感性低等一系列优点。因此铸铁在机械制造、冶金、石油化工等领域中应用非常广泛。

三、非铁金属材料

除钢铁材料外，非铁金属在金属材料中也占有很重要的地位。它不仅是制造各种合金钢的添加元素，而且具有密度小、强度高、耐热性强、耐蚀性高、导电性和导热性能良好等优点，也是目前现代工业中必不可少的结构材料。非铁金属中尤以铝、铜、钛、镁及轴承合金应用最为广泛。

四、非金属材料

通常将金属及其合金以外的其余材料称为非金属材料。由于其性能独特，更适合制造具有特定性能要求的制品和构件。特别是其中的有机高分子合成材料，不仅广泛用于人们的生活，而且在工业中也越来越多地得到应用，是不可替代的机械工程材料。机械工程上的非金属材料主要分为三大类。

1. 高分子材料一般是指由低分子通过聚合而成，并且其分子量达到使其力学性能具有实际意义的一类有机化合物，如合成纤维、工程塑料、合成橡胶、胶粘剂、涂装材料等。

2. 工业陶瓷主要包括特种陶瓷和金属陶瓷，如工业用陶瓷器件、玻璃、耐火材料等。

3. 复合材料主要包括树脂基、金属基和陶瓷基三类复合材料。

第三节　公差与配合

一、互换性的概念

在现代化生产中，组成机器的零件是按专业化、协作化组织生产的。为了确保机器的顺利安装，这些按专业化、协作化组织生产出来的零部件都必须具有互换性。不仅要保证在装配过程中使零件在不经任何挑选和修配的情况下能顺利地装入，还要保证机器在以后的使用过程中，一旦某零件发生损坏，便可用相同规格的零件调换，以满足使用要求。

所谓互换性是指相同规格的零件或部件，任取其中一件，不需经过任何挑选、修配，都能进行装配，并能满足机械产品使用性能要求的一种特性。

互换性是机械产品的基本技术经济原则，按互换性原则进行生产，给产品的制造和维修都带来了很大的方便。

二、公差与配合的关系

要使各零件具有互换性，就必须保证各零件几何参数的准确性。但在实际生产过程中，由于设备的精度、刀具的磨损、测量的误差，以及工人的操作水平等因素的影响，相同规格零件的几何参数不可能绝对准确、一致。通常把零件加工后几何参数（尺寸、形状和位置）所产生的差异称为加工误差。而要使零件具有互换性，就必须允许零件的几何参数有一定变动量，也就是允许加工误差有一定范围，这个允许的变动量称为公差。它包括尺寸公差、形状公差、位置公差。

不同的两个零件装配在一起，例如，相同尺寸的轴与孔的装配，有的要求松一点，有的要求紧一点，这种松紧程度的装配要求就是一种配合关系。公差与配合是相互联系的。

三、基本尺寸与实际尺寸

通过应用上、下偏差可算出极限尺寸的尺寸称为基本尺寸。一般由设计人员根据零件使用要求，通过计算或结构等方面的考虑，并按标准圆整后确定。

通过测量后获得的尺寸称为实际尺寸。由于在测量过程中存在着测量误差，因此实际尺寸并不一定是真实尺寸。另外，由于零件的形状误差等影响，不同部位的实际尺寸也不一定相等，如图 3—1 所示。

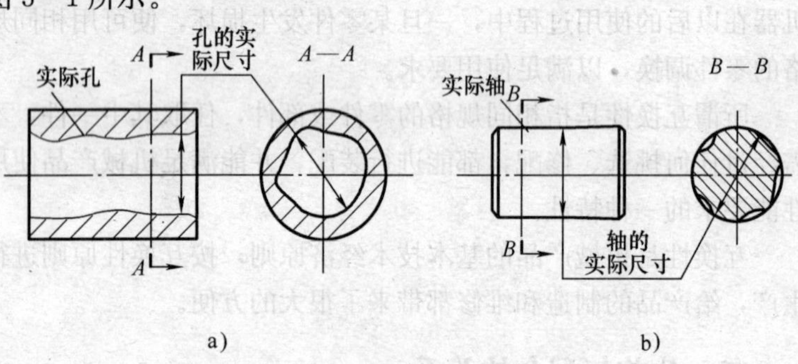

图 3—1　孔、轴的实际尺寸示意图

a）孔的实际尺寸　b）轴的实际尺寸

四、孔与轴的配合

孔与轴的配合即基本尺寸相同的相互接合的孔和轴公差之间的关系。由于孔和轴的实际尺寸不同，装配后会呈现松紧不同的配合情况，分为间隙配合、过盈配合和过渡配合三类。

间隙和过盈的区别：孔比轴大，即孔的最小极限尺寸与轴的最大极限尺寸的代数差为正值时，称孔与轴之间存在间隙；反之，孔比轴小，即孔的最大极限尺寸与轴的最小极限尺寸的代数差为负值时，称为过盈。

间隙配合是指具有间隙（包括最小间隙等于零）的配合。孔的最大极限尺寸与轴的最小极限尺寸的代数差为最大间隙；孔的最小极限尺寸与轴的最大极限尺寸的代数差为最小间隙。

过盈配合是指具有过盈（包括最小过盈等于零）的配合。孔的最大极限尺寸与轴的最小极限尺寸的代数差为最小过盈；孔的最小极限尺寸与轴的最大极限尺寸的代数差为最大过盈。

过渡配合为可能具有间隙或过盈的配合。

配合公差是允许间隙或过盈的变动量，其数值等于孔公差与轴公差的代数和。

第四节　建筑机械的组成及功用

建筑机械同其他工程机械一样，也是由若干相关的零件组装成部件，再将各部件组装成整机。建筑机械一般由下述五大部分组成。

一、动力装置

动力装置是建筑机械的主要部分，是机械在作业时各种力和速度的来源。任何建筑机械如果没有性能良好的动力装置，就不可能具有良好的技术性能。建筑机械常用的动力装置有交、直流电动机和内燃机（柴油机、汽油机）以及空气压缩机。

电力驱动的大型建筑机械已采用可控硅直接供电。燃气轮机由于质量轻、功率大、动力特性好，将可能成为大功率建筑机械动力装置的主要形式。燃料电池也可能会取代建筑机械中的内燃机和燃气轮机，以求彻底消除噪声、振动和污染等公害。此外，更为先进的激光、超声波以及原子能技术都将可能成为建筑机械的工作动力。

二、传动装置

传动装置是将动力装置产生的功率和运动，传递给工作机构的中间装置，供工作机构做功时使用。按传动性质的不同，传动装置分为机械传动、液压传动和电力传动三种类型。

机械传动又分为摩擦传动和啮合传动。建筑机械中的摩擦传动有摩擦锥传动、摩擦盘传动和带传动等；啮合传动主要有齿轮传动和蜗轮蜗杆传动等。组装成机械传动装置的零件分为标准件、通用件和专用零件三大类。

液压传动是近二十年来广泛应用在建筑机械中的新技术，它具有传动功率大、传动平稳性好、动作灵敏可靠、可实现大扭矩传动并可使传动机构紧凑等优点，是机械传动装置所不能比的。挖掘机、推土机、铲运机、平地机、起重机、打桩机、凿岩机和路面施工机械等，采用了液压传动后，都表现出上述优点。如挖掘机采用液压传动后，挖掘力可提高 30%，整机质量可降低40%左右，而作业装置的种类却大大增加，改善了机械原有的技术性能。从发展趋势看，液压传动将在大型建筑机械中得到普及，中小型建筑机械也会越来越多地采用全液压传动。

三、工作机构

工作机构是建筑机械直接完成生产任务的部分。对工作机构的要求是高效、多功能，能适用于各种作业条件。

建筑机械的工作机构的形式、构造取决于它本身的设计性能和用途。如推土机的推土刀，挖掘机的动臂、斗杆和挖土斗，铲运机的铲斗，混凝土搅拌机的搅拌筒，柴油打桩锤的锤体，起重机的起升机构、变幅机构、回转机构以及卷扬机的卷筒等。

为了充分发挥建筑机械的整机效益，建筑机械的工作机构应有足够的强度和刚度；构造应力求简单、质量轻、拆装和维修方便、操作灵敏可靠，并具有一定的使用寿命。

四、操纵、控制装置

这类装置是用来操纵、控制机械运转的部分。如操纵、控制机械的变速、变向、启动、减速、制动和停机等。对建筑机械操纵、控制装置的要求是省力、灵敏、可靠、方便、平稳和安全。

建筑机械的操纵、控制装置的形式有机械—杠杆式、液压式、电动式、气动式以及这几种形式的联合式等。

近年来，建筑机械工作机构的操纵较普遍地采用液压伺服系统，有的采用了自动控制，使操作力大为减小，工作效率和功能利用率显著提高。激光找平和导向技术的应用，提高了推土机和平地机推土和平整的质量和效率；超声波搅拌和激光电子束碎岩等工作原理的研究，陆续取得较大进展；电子计算机，特别是微型电子计算机，将广泛地应用于建筑机械的操纵、控制装置；自动控制、无人操纵或无线电遥控的建筑机械将越来越多，使建筑机械的操纵、控制装置日趋现代化。

五、行走机构

建筑机械的行走机构用来支撑整机，并拖动机械进行作业和转移作业地点，包括机械的进、出厂。

建筑机械的行走机构主要有轮胎式、履带式和轨行式三种。

全液压驱动的轮胎式行走机构，将得到迅速发展。液压马达车轮及电马达车轮将逐渐增多。全液压传动的履带式行走机构已经普及，进一步发展将有可能被气垫式行走机构所取代。轨行式行走机构主要用于塔式起重机，由于铺轨技术要求高，机械利用率低，很快将被履带式行走机构所取代。

第四章

液压基础知识

第一节　液压系统概述

一、液压传动的工作原理

液压传动是利用帕斯卡原理进行工作的：加在密闭液体任一部分的压强，能够大小不变地由液体向各个方向传递。

现以常见的液压千斤顶为例，说明液压传动的工作原理。如图 4—1a 所示为液压千斤顶原理示意图。活塞 A_1 和泵 3、活塞 A_2 和工作缸 7 构成两个密封而又可以变化的容积。当杠杆 1 经连杆 2 将活塞 A_1 向上提起时，泵 3 中的密封容积扩大，内部压力减小而形成“真空”。这时，油箱 4 内的工作液体在大气压力作用下，推开单向阀 5 流入泵 3。单向阀 6 这时是关闭的。当杠杆向下压时，单向阀 5 关闭，泵的容积缩小，工作液体推开单向阀 6 流向工作缸 7 的密封容积中，并将活塞 A_2 向上推起，升起重物 W。不停地摇动杠杆 1，可将工作液体不断地从油箱吸入泵 3，又压向工作缸内，使活塞 A_2 带动重物上升到所需的高度。当下降重物时，只要打开旁路截止阀 8，工作缸内的液体即在重物 W 和活塞 A_2 的推动下流回油箱。这就是液压千斤顶的工作过程，也是一个简单液压传动系统的工作原理。

由此可知，一个液压传动系统包含以下几个组成部分：

1. 动力源元件

动力源元件是将原动机提供的机械能转换成工作液体的液压

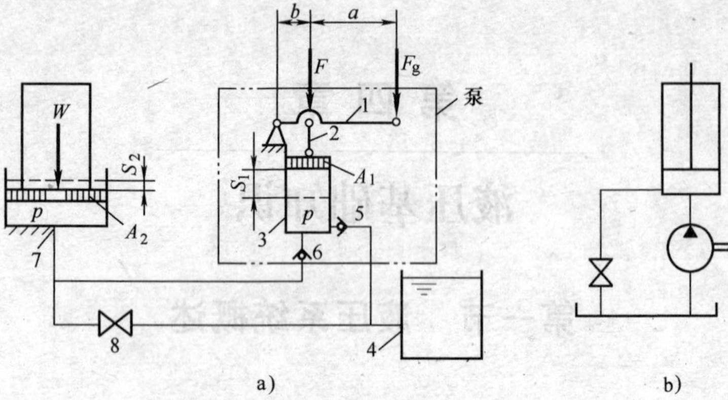

图 4—1 液压千斤顶的原理图及其职能符号图

a）原理图 b）职能符号图

1—杠杆 2—连杆 3—泵 4—油箱

5、6—单向阀 7—工作缸 8—截止阀

能的元件，通常称为液压泵。如图 4—1a 所示，泵 3 和单向阀 5、6 所组成的是一个由杠杆经连杆带动的手动液压泵。

2. 执行元件

执行元件是将液压泵所提供的工作液体的液压能转换成机械能的元件，如图 4—1a 中的工作缸。液压传动系统中的液压缸和液压马达都是执行元件。

3. 控制元件

对液压传动系统工作液体的压力、流量和流动方向进行控制调节的元件称为控制元件。液压传动系统中的各种阀类元件即为控制元件。

4. 辅助元件

上述三部分以外的其他元件称为辅助元件，如油箱、过滤器、蓄能器、冷却器、管路、接头和密封件等。它们对保证系统的正常工作起着重要作用。

5. 工作液体

工作液体是液压传动系统中必不可少的部分，既是转换、传递能量的介质，也起着润滑运动零件和冷却传动系统的作用。

液压传动系统主要组成部分之间的关系如图 4—2 所示。

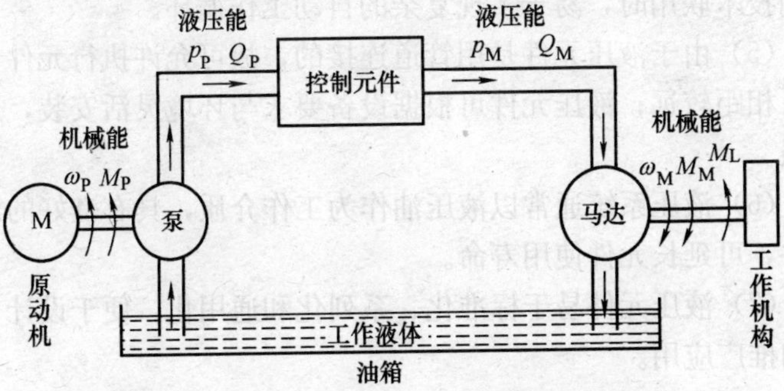

图 4—2　液压传动系统主要组成部分之间的关系

二、液压传动的特点

1. 液压传动的主要优点

（1）可方便地实现大范围内的无级调速，调速范围可达 1 000∶1；调速功能不受功率大小的限制，这是机械传动和电传动都难以做到的。

（2）与电传动相比，液压传动具有质量轻、体积小、惯性小、响应快等突出优点。统计表明，液压泵和液压马达的单位功率的质量，目前仅为电动机的 1/10 左右，或者说液压泵和液压马达单位质量的能容量为电动机的 10 倍左右。液压马达的驱动转矩与转动惯量之比约为电动机的 10 倍，故加速性能好。电动机的响应时间为液压马达的 10 倍以上。液压马达的这种特点对伺服控制系统有重大意义，它可以提高系统的动态性能，使增益提高，频带变宽。

（3）液压传动均匀平稳，负载变化时速度较稳定，并且具有良好的低速稳定性。液压马达最低稳定转速可小于1 r/min，这是任何电动机都难以做到的。

（4）借助于各种控制阀，可实现过载自动保护，也易于实现其他自动控制和进行远程控制或机器运行自动化。特别是与电液控制技术联用时，易于实现复杂的自动工作循环。

（5）由于液压元件是用管道连接的，故可允许执行元件与液压泵相距较远；液压元件可根据设备要求与环境灵活安装，适应性强。

（6）液压系统通常以液压油作为工作介质，具有良好的润滑条件，可延长元件使用寿命。

（7）液压元件易于标准化、系列化和通用化，便于设计、制造和推广应用。

2. 液压传动的主要缺点

（1）效率较低。在液压系统的动力传递过程中，能量经过两次变换，变换时存在着机械能和液压能损失，故效率较低，一般为75％～80％。

（2）泄漏问题。液压系统的泄漏是不可避免的。泄漏不仅使系统效率降低和影响传动的平稳性及准确性，而且污染环境，尤其石油基液压液，当附近有火种或高温热源存在时，泄漏可能导致着火而引发事故。

（3）对污染敏感。污染的工作介质对液压元件危害极大，使之磨损加剧、性能变坏、寿命缩短，甚至损坏；液压元件磨损的同时又使工作介质的污染加剧。据统计，液压系统70％以上的故障是由液压油的污染引起的，因此，保持工作介质的清洁极为重要。

（4）检修困难。液压系统一旦发生故障，判断故障原因和部位都比较困难，因此要求操作和维修人员，应有较高的技术水平、专业维修知识和判断故障原因的能力。

（5）对温度敏感。液压系统的性能和效率受温度变化影响较大，一般不适于高温或低温环境。

(6) 液压元件加工精度要求较高。一般情况下，液压系统要有独立的能源，因而产品成本较高。

第二节　液压传动的基本参数

通过对液压千斤顶工作原理的分析，可以进一步了解液压传动的两个基本特点：

(1) 液压系统中力的传递依靠液体压力来实现，系统内液体压力的大小与外载有关。

在千斤顶举起重物时，泵和工作缸之间相当于一个密封的连通器，如图 4—3 所示。根据帕斯卡静压传递原理，作用在小活塞上的力 F 所产生的液压 p 以等值同时传递到密封连通器各处，因而大活塞底面也受到 p 的作用，产生向上的推力 pA_2 举起重物。重物缓慢上升时，若略去摩擦阻力，则推力 pA_2 与重物的重力 W 相等，即：

$$pA_2 = W$$

则有

$$p = W/A_2$$

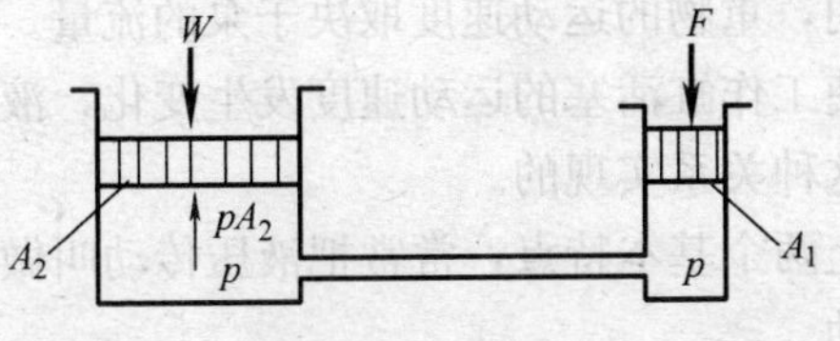

图 4—3　连通器

可见，封闭容器内的压力大小与外载（重力 W）的大小有关。但系统的压力也不是可以无限制地随着外载而增大的，它受到封闭容器和管路等强度的限制。为使系统工作可靠，往往在系统内设置安全阀来保护系统。

千斤顶系统液体的压力来源于手压泵，能否产生足够的压力举起重物，取决于作用力 F 的大小，因而有：

$$W/A_2=F/A_1$$

即

$$W=A_2F/A_1$$

由上式可知，当 $A_2>A_1$ 时，有 $W>F$。可见液压传动还具有力（或转矩）的放大作用。液压千斤顶和油压机就是利用这个特点进行工作的。

(2) 运动速度的传递按“容积变化相等”的规律进行。

在千斤顶举起重物的过程中，若不计液体的泄漏，小活塞朝下运动排出的液体体积，应该等于使大活塞向上运动时进入工作缸的液体体积，即容积变化相等，故有：

$$A_1S_1=A_2S_2$$

式中 S_1、S_2——活塞的行程；

A_1、A_2——活塞的面积。

将上式两端同除以时间 t，可得关系：

$$A_1v_1=A_2v_2$$

$$v_2=A_1v_1/A_2$$

式中 v_1、v_2——两活塞的移动速度。

上式说明，重物的运动速度取决于泵的流量。如能改变泵的流量，就可使工作缸活塞的运动速度发生变化，液压传动中的调速就是基于这种关系实现的。

由于以上两个基本特点，常常把液压传动叫做静压传动或容积式液压传动。

液压传动最基本的技术参数是工作液体的压力和流量。系统压力是指液压泵出口的液体压力，其大小取决于外载，但一般都由溢流阀调定。压力通常用 p 表示，其常用单位是 MPa。

压力液体流经管路或液压元件时要受到阻力，引起压力损失(即压降)。液体流经圆形直管的压力损失称为沿程压力损失；流经管路接头、弯管和阀门等处时，由于产生撞击和旋涡等现象而造成的压力损失，称为局部压力损失。由理论分析和实验可知，沿程压力损失和局部压力损失都和液体流速的平方成正比，因此，为了有足够的压力来驱动执行元件工作，液压泵的出口压力应高于执行元件所需的压力；而且为了减少压力损失，应尽量缩短管道，减少管路的截面变化和弯曲，管道内壁力求光滑。此外，还应将液体的流速加以限制，通常推荐的管道流速为：吸油管道 $v=1\sim2$ m/s；压力油管道 $v=3\sim6$ m/s；回油管道 $v=1.5\sim2$ m/s。

流量是指单位时间内流过的液体体积，常以字母 Q 表示，单位是 m^3/s，工程上常用 L/min 作为流量的单位，它们之间的换算关系是：

$$1\ m^3/s=10^3\ L/s=6\times10^4\ L/min$$

第三节　液压系统的使用和维护

一、液压系统的日常检查和定期检查

对在使用和维护中的液压设备通常采用“日常检查”和“定期检查”的方法，以保证设备正常运行，见表 4—1 和表 4—2。

表 4—1　　液压设备的日常检查项目和内容

检查时间	项　目	内　容
在设备运行中监视工况	压力	系统压力是否稳定在规定范围内
	噪声、振动	有无异常
	油温	是否在 35～55℃范围内，不得超过 60℃
	漏油	全系统有无漏油
	电压	是否保持在额定电压的－15%～5%范围内

续表

检查时间	项　目	内　容
在启动前检查	油位	是否正常
	行程开关和限位块	是否紧固，位置是否正确
	手动、自动工作循环装置	是否正常
	电磁阀	是否处于原始状态

表 4—2　　液压设备的定期检查项目和内容

定检项目	内　容
螺钉及管接头	对于 10 MPa 以上系统，每月紧固一次 对于 10 MPa 以下系统，每三个月紧固一次
过滤器、空气滤清器	对于一般系统，每月检查一次 对于铸造系统，每半月检查一次
油箱、管道、阀板	大修时检查
密封件	按环境温度、工作压力、密封件材质等具体情况确定
弹簧	按工作情况、元件质量等具体情况确定
油污染度检验	对已确定换油周期的设备，提前一周取样化验 对新换油，经 1 000 h 使用后，应取样化验 对精、大、稀等设备用油，经 600 h 使用后，取样化验 取油样须用专用容器，并保证不受污染 取油样须取正在使用的“热油”，不取静止油 取油样数量为 300～500 mL/次 按油料化验单化验 油料化验单纳入设备档案
压力表	按设备使用情况，规定检验周期
高压软管	根据使用工况，规定更换时间
液压元件	根据使用工况，规定对液压泵、液压阀、液压缸、液压马达等主要元件进行性能测定。尽可能采取在线测试办法测定其主要参数
电控部分	按电器使用维修规定，定期检查维修

二、液压系统使用和维护注意事项

1. 保持油液清洁，防止系统污染

（1）定期清洗油箱、滤油器、管道和液压元件，清除内部污染物。

（2）定期过滤或更换油液：

1）更换的新油液或补加的油液，必须为本系统规定使用牌号的油液，油的质量应符合规定的指标。

2）新油注入油箱前，应将油箱、管道及液压缸内的旧油排净，将油箱内部清洗干净。

3）新油过滤后再注入油箱，过滤精度不得低于系统的过滤精度。

4）更换工作介质的期限：因工作条件、使用环境的不同而有很大差别，一般情况下，大约一年更换一次；在连续运转、高温、高湿、灰尘多的情况下，应缩短换油周期。

应根据液压介质的使用寿命定期更换，表 4—3 给出了各种液压介质的更换周期。科学的换油期限，应根据油样化验结果确定，表 4—4 给出了普通液压油的更换极限指标。

表 4—3　　液压介质的更换周期

介质种类	普通液压油	专用液压油	机械油	汽轮机油	水包油乳化液	油包水乳化液	磷酸酯
更换周期（月）	12～18	＞12	6	12	2～3	12～18	＞12

表 4—4　　普通液压油的更换极限指标

项　目	指　标
40℃黏度变化（%）	±（10～15）
每 100 mL 液压油中污垢含量（mg）	10

续表

项　目	指　标
水分（%）	0.1
酸值增加（mgKOH/g）	0.3
相对密度（液压油 15℃/水 4℃）变化	0.05
铜片腐蚀（100℃，3 h）（mg）	2
闪点（℃）	60

（3）油箱应封闭严密，所有进入油箱的管道在穿过箱壁处应采取密封措施，油箱顶盖上应装设高效空气滤清器，防止外界灰尘、机械杂质、水分等进入油箱。

（4）液压缸活塞杆的防尘圈应密封可靠，在灰尘较多的场合，还应在外伸活塞杆表面装设防尘罩，防止灰尘沿活塞杆表面进入液压缸。

2. 防止空气进入系统

（1）回油管和吸油管必须插入油箱最低液面下一定深度处，防止吸、回油时将外界空气带入系统。

（2）吸油管和液压泵轴密封部分等各个低于大气压的地方，应注意不要漏入空气。

（3）定期清洗吸油过滤器，尽量减少吸油阻力，防止溶解在油中的空气分离出来，形成气穴。

（4）油箱内吸油管和回油管应相隔一定距离，两者之间设置隔板和除气网，促使油液中的气泡浮出液面。

（5）设备启动时，通过管道或液压缸最高部位的排气装置，将系统中的空气排净。

3. 防止泄漏

液压装置的外泄漏主要发生在各种管道连接件、元件或零件之间的固定接合面，以及外伸轴杆的动配合等处。表 4—5 给出了外泄漏的主要部位及原因。

表 4—5　　液压装置外泄漏的主要部位及原因

泄漏部位	原因
管接头	管接头及密封件的类型、规格与使用条件不符；接头加工质量差；装配不良；振动等原因引起接头松动；密封圈质量差、老化或破损
不承受压力负载的固定接合面	接合面的表面粗糙度值和平面度误差过大；零件变形使两表面不能全面接触；密封垫硬化或破损；装配时接合面上有沙尘等杂质；被密封的容腔内有压力
承受压力负载的固定接合面	接合面粗糙不平；紧固螺栓拧紧力矩不足，或各螺钉拧紧力矩不等；密封圈失效；接合表面翘起变形；密封圈压缩量不足等
轴向滑动表面密封处	密封圈的材料或结构类型与使用条件不符；密封圈老化或破损；轴表面粗糙或划伤；密封圈安装不当
转轴密封处	转轴表面粗糙或划伤；油封材料或形式与使用条件不符；油封老化或破损；油封与轴偏心量过大或转轴振摆过大

为防止外泄漏，除根据上表所列原因采取相应措施外，还需注意以下事项：

（1）密封部位的沟、槽、面加工尺寸和精度、表面粗糙度应严格符合规范要求，这是确保密封、杜绝外泄漏的基本条件。

（2）根据使用条件，正确选用接头和密封的类型、确定密封圈的材料、合理设计密封沟槽的尺寸、规定恰当的加工要求，是保证密封有效的前提，应认真对待。

（3）装配时应保持各密封部位及密封圈的清洁度，并按规定的方法进行安装，防止密封圈在装配时破损。

（4）定期更换密封圈，有缺陷或用过的密封圈不准使用。

（5）定期紧固管接头、法兰螺钉、安装螺钉等，每个螺钉的大小要符合规定，拧紧力矩要均匀。

4. 控制油温

一般机床的液压系统连续正常工作时，油箱的油温应控制在35～55℃范围内，最高不得超过 60℃；若有异常温升，应注意系统工作状况，并检查原因，予以排除。

5. 控制油箱中的液面位置

油箱中的液面位置应经常保持在规定的范围内。系统启动前，油箱中应注入足够数量的油液，启动后由于部分油液进入管道和液压缸，液面会下降，若低于允许最低液位，必须进行补油。在使用过程中，经常观察油位。可能会因为系统泄漏造成油位下降，应该在油箱上设置液位计，以便经常观察和补充油液。

6. 液压泵应在空载状态下启动和停止

初次启动时，应向泵体内灌满工作介质，检查旋转方向。停机 4 h 以上的系统，应先使液压泵空载运转 5 min，再启动执行机构工作。

7. 其他注意事项

（1）不准任意调整电控系统的互锁装置，禁止损坏或任意移动各限位挡块。

（2）未经主管部门同意，任何人不准私自调节或拆换各种液压元件。

（3）当液压系统出现故障时，应及时通知维修部门分析原因并排除，不准擅自乱动，不准设备“带病”工作。

（4）易损零件（如密封圈等）应有备用件，以便及时更换。

第四节　液压系统的常见故障和排除方法

液压泵的常见故障及排除方法见表 4—6。

表 4—6　　液压泵的常见故障及排除方法

故障现象	故障分析	排除方法
不出油、输油量不足、压力升不高	1. 液压泵轴反转 2. 吸油管或过滤器堵塞，吸油管截止阀未全部打开 3. 液压泵安装高度过高、油位过低或吸回油管插入油面下深度不够 4. 连接处或管接头密封不严，有泄漏或空气混入 5. 轴向或径向间隙过大，内泄漏大 6. 油液黏度过大或油温过高 7. 液压泵转速太低	1. 检查电动机转向 2. 疏通管道，清洗过滤器，换新油；全开截止阀 3. 安装高度一般不得超过500 mm，加油至规定油位，增加吸回油管插入深度 4. 紧固各连接处螺钉及管接头，更换密封装置，避免泄漏，严防空气混入 5. 检修或更换有关零件 6. 正确选用油液，控制温升 7. 控制液压泵转速不低于规定转速
噪声大、压力波动大	1. 吸油管密封处漏气，油液中有气泡 2. 吸油管及过滤器堵塞或过滤器容量小 3. 液压泵安装位置过高或油位低 4. 油温过低或黏度高 5. 液压泵转速过高 6. 液压泵轴与电动机轴同轴度超出制造厂的规定 7. 液压泵支架、电动机安装不牢，联轴器安装不良 8. 液压泵轴承或内部零件损坏	1. 在密封处涂黄油，如噪声减小，可拧紧接头或螺钉，更换密封圈；吸回油管应插入油面以下，防止空气混入油中；给液压泵和系统排气 2. 清洗油管及过滤器，更换清洁油液；正确选用过滤器 3. 降低液压泵安装高度或加油 4. 油液加热到适当温度或更换低黏度油液 5. 控制液压泵转速在最高允许转速以下 6. 检查并调整同轴度 7. 重新安装并紧固安装螺钉 8. 检查（触摸）轴承部分温升，更换轴承及有关零件

续表

故障现象	故障分析	排除方法
异常发热	1. 液压泵内零件配合间隙过小，滑动部位摩擦损失过大或过热、烧伤；配合间隙过大，容积损失过大 2. 轴承装配及润滑不良，造成过热或烧伤 3. 过载 4. 系统管路压力损失、溢流和节流损失过大，造成油温过高；油箱容积小，散热条件差	1. 拆检修理，重新装配，达到技术要求 2. 重新装配或更换轴承，清洗润滑油通道，减小油流阻力 3. 按规定合理调节液压泵的工作压力 4. 改进系统设计，合理调节系统压力，减少各种能量损失；增大油箱，增设冷却器
轴颈油封漏油	1. 油封质量差，老化失效，唇口损坏 2. 轴颈表面粗糙、划伤或有杂物 3. 泄油通道堵塞，泄油管道液阻过大，使泵体内压力升高到超过油封许用的耐压值	1. 更换油封，安装时防止唇口损坏 2. 修磨，清除异物 3. 清洗泄油通道，减小泄油阻力；柱塞泵泵体上的泄油口应用单独油管直通油箱；检查泵体内的压力，其值应小于 0.08 MPa

液压缸的常见故障及排除方法见表 4—7。

表 4—7　　液压缸的常见故障及排除方法

故障现象	故障原因	排除方法
推力不足或工作速度下降甚至停止	1. 缸筒与活塞配合间隙太大或活塞上的密封圈损坏，导致内泄过大，高低压腔互通 2. 缸筒全长磨损或膨胀不均匀，造成缸孔直线性不良（局部呈腰鼓形），致使活塞左右两腔互通	1. 按规定配合间隙重配活塞或更换密封圈 2. 镗磨修复缸筒，重新配制活塞

续表

故障现象	故障原因	排除方法
推力不足或工作速度下降甚至停止	3. 缸筒端盖的密封件压紧力过大或活塞杆弯曲，造成摩擦阻力过大 4. 活塞、活塞杆和缸盖之间同轴度差，液压缸与工作台导轨面平行度差 5. 油温过高，油液黏度降低，内外泄漏增大 6. 系统泄漏部位太多，造成供油量不足，压力降低，速度减慢 7. 液压缸的回油阻力过大，背压过高 8. 导轨润滑不良，阻力过大	3. 适当减小压紧力，以不漏油为限；校直活塞杆 4. 检查同轴度和平行度，重新装配和安装 5. 分析油温过高原因，采取降低油温的措施 6. 查找泄漏部位，采取紧固或更换密封件等措施，抑制泄漏 7. 检查回油系统管道及各种阀，分析阻力过大原因并排除 8. 清洗润滑装置，调整润滑油量和压力
爬行	1. 缸内有空气或油液中有气泡 2. 导轨润滑不良，出现干摩擦 3. 活塞杆全长或局部弯曲 4. 缸孔或活塞杆腐蚀、拉毛 5. 缸孔直线度不良，有鼓形、锥度等 6. 活塞杆与活塞、导套不同轴；液压缸与导轨不平行	1. 分析存在空气的原因，防止空气侵入；增设排气装置；让工作部件以最大行程和最快速度运动，使空气强迫排出 2. 调整润滑装置，适当增加润滑油压力和油量 3. 校直活塞杆 4. 轻微时修去锈蚀和毛刺，严重时须镗磨及重配相关零件 5. 镗磨修复，重新配制活塞 6. 重新装配和安装，调整同轴度及平行度

续表

故障现象	故障原因	排除方法
冲击	1. 运动速度快，没有缓冲装置 2. 单向节流缓冲装置中节流阀磨损，单向阀密封不严或其他处泄漏 3. 缓冲装置调节不当 4. 先导阀、换向阀等制动不灵敏，致使换向时液流速度剧变 5. 工作压力过高 6. 系统中有大量空气	1. 增设缓冲装置或背压阀 2. 研配、修复或更换阀芯及阀座，减少泄漏 3. 重新调节缓冲节流阀开口或背压阀压力 4. 减小制动锥斜角或增加制动锥长度 5. 调整至规定值 6. 排除空气

溢流阀的常见故障及排除方法见表4—8。

表4—8　　溢流阀的常见故障及排除方法

故障现象	故障原因	排除方法
压力波动	1. 弹簧弯曲变形 2. 滑阀变形或拉毛 3. 阀芯锥面与阀座磨损不均匀，接触不良，密封不严 4. 油液中脏物使阻尼孔或配合间隙时堵时通，造成阀芯运动无规律，产生压力波动 5. 调压螺钉的锁紧螺母松动 6. 供油液压泵的流量和压力脉动，造成系统压力波动	1. 更换弹簧 2. 修研或更换滑阀 3. 配研阀芯及阀座或更换阀芯 4. 拆开清洗，检查油质，更换油液 5. 调压后将锁紧螺母锁紧 6. 检查、修复或更换液压泵

续表

故障现象	故障原因	排除方法
压力升不高，调整无效	1. 锥阀、主阀锥面与阀座接触不良，密封不严，滑阀与阀体孔配合间隙增大，导致内泄漏过大 2. 阻尼孔堵塞 3. 主阀芯卡住 4. 弹簧太软、变形、断裂 5. 进出油口接反 6. 管接头、液压泵或系统其他元件泄漏严重	1. 清洗检查，配研或更换阀芯 2. 清洗、疏通阻尼孔，检查油液清洁度 3. 拆洗，检查，修整 4. 更换弹簧 5. 重新连接 6. 检查泄漏部位，拧紧接头，更换密封件，并修理或更换元件
噪声和振动	1. 锁紧螺母松动 2. 弹簧变形 3. 阀芯与阀体孔配合过紧，运动不灵活 4. 锥阀磨损异常 5. 回油管路有空气 6. 回油路阻力过大，回油管贴近油箱底面 7. 流量超过允许值 8. 压力上升到某一值时，与其他阀产生共振，发出尖叫声	1. 拧紧螺母 2. 更换弹簧 3. 修磨阀芯或研磨阀孔 4. 更换锥阀 5. 排除空气，紧固管接头 6. 适当增大管径，减少弯头，减小回油阻力；回油管口应离油箱底面有 2 倍管径以上的距离 7. 更换与流量对应的阀 8. 略微改变阀的额定压力值；变更弹簧，在先导阀高压油进口增加阻尼

减压阀的常见故障及排除方法见表 4—9。

表 4—9 减压阀的常见故障及排除方法

故障现象	故障分析	排除方法
压力波动不稳定	1. 油液中有空气 2. 阻尼孔时堵时通 3. 滑阀与阀体孔圆度超差，阀芯动作不灵敏，有时卡住 4. 弹簧太软、变形或在阀芯中卡住，使阀芯移动困难 5. 锥阀与阀座磨损严重，锥面有划伤，接触不良	1. 排气 2. 清洗阻尼孔 3. 修研阀孔及滑阀 4. 更换弹簧 5. 配研锥阀与阀座，更换锥阀
二次压力升不高	1. 外泄漏 2. 锥阀与阀座接触不良 3. 调压弹簧太软	1. 更换密封件，紧固螺钉，并保证力矩均匀 2. 修理或更换 3. 更换弹簧
不起减压作用	1. 泄油口不通；泄油管与回油管相连，并有回油压力 2. 主阀芯在全开位置时卡死	1. 清洗疏通泄油通道，减小泄油阻力；泄油管必须与回油管分开，单独回油箱 2. 修理、更换零件，检查油质

换向阀的常见故障及排除方法见表 4—10。

表 4—10 换向阀的常见故障及排除方法

故障现象	故障分析	排除方法
滑阀不换向	1. 油液中杂质、零件表面毛刺使滑阀卡住 2. 阀体变形 3. 复位弹簧变形、折断、太软或太硬 4. 电磁铁线圈烧坏或电磁铁推力不足 5. 电气线路出故障	1. 拆洗，清除脏物及毛刺，检查油液清洁度 2. 调节阀体安装螺钉使压紧力均匀，或修研阀孔 3. 更换弹簧 4. 查找原因，修理或更换 5. 清除故障

续表

故障现象	故障分析	排除方法
滑阀不换向	6. 液控换向阀控制油路无油或油压太低 7. 油液黏度太高使阀芯移动困难；油温过高使阀芯热变形卡住	6. 检查原因并排除 7. 更换黏度适合的油液；将油温控制在要求范围内
电磁换向阀工作时有响声	1. 滑阀卡住或摩擦力过大 2. 电磁铁推杆过长或过短 3. 电磁铁铁心的吸合面不平或接触不良	1. 修研或调配滑阀 2. 修整或更换推杆 3. 修整吸合面，清除脏物
电磁铁过热或线圈烧坏	1. 线圈绝缘不良 2. 电压太高或太低，不稳定 3. 电磁铁铁心与阀芯轴线同轴度不良 4. 阀芯卡住，电磁力推不动 5. 通过阀的压力和流量过大，超过规定值过多 6. 回油口背压过高	1. 更换线圈 2. 电压的变化值应在额定电压的10%以内 3. 拆卸电磁铁重新装配 4. 检查原因并排除 5. 更换压力、流量符合要求的阀 6. 检查背压过高的原因，控制背压在规定值内

液控单向阀的常见故障及排除方法见表4—11。

表4—11 液控单向阀的常见故障及排除方法

故障现象	故障分析	排除方法
油液不逆流	1. 控制油压力过低 2. 控制油管道接头或阀端盖处漏油严重 3. 单向阀或控制活塞卡死 4. 外泄油口堵塞	1. 提高控制压力使之达到要求值 2. 紧固接头，紧固端盖螺钉，更换密封件 3. 清洗，修配，使之移动灵活 4. 检查外泄油管道，外泄口应单独回油箱

续表

故障现象	故障分析	排除方法
逆方向不密封，有泄漏	1. 单向阀在全开位置上卡死 2. 单向阀锥面与阀座锥面接触不均匀 3. 控制活塞在顶出位置上卡死	1. 清洗，修配，使阀芯移动灵活 2. 清洗，配研阀芯与阀座，或更换 3. 修配达到移动灵活

节流调速阀的常见故障及排除方法见表 4—12。

表 4—12　　节流调速阀的常见故障及排除方法

故障现象	故障分析	排除方法
节流作用失灵及调节范围小	1. 节流阀阀芯与阀孔配合间隙过大，造成内泄漏大 2. 节流口堵塞 3. 节流阀芯卡住 4. 单向节流调速阀中单向阀密封不良	1. 检查泄漏部位零件磨损及配合情况，予以修复或更换 2. 拆卸清洗，过滤或更换油液，保持油液洁净 3. 拆开清洗，修理使其运动灵活 4. 研磨单向阀，提高密封性
运动速度不稳定，有时快时慢或跳动现象	1. 油中脏物黏附在节流口表面，有时又被冲刷下来，造成通流面积时大时小，运动速度时快时慢，周期变化形成跳动现象 2. 油温升高，黏度降低，使速度加快 3. 节流阀内部、外部有泄漏使流量不稳定 4. 阻尼装置（如调速阀中减压阀的阻尼孔）堵塞，系统中有空气，以致出现速度不稳定及跳动现象	1. 拆卸清洗有关零件，更换新油并严格过滤，在阀的进口设置精滤清器 2. 系统温升稳定后再调整节流阀或增设散热及温控装置 3. 检查零件的精度和配合间隙，修配或更换零件，连接处要严加密封 4. 清洗有关零件，增设排气装置，让工作部件快速运动，使空气强迫排出，保持油液清洁

续表

故障现象	故障分析	排除方法
运动速度不稳定，有时快时慢或跳动现象	5. 使用简式节流阀时，因系统负载变化引起速度变化 6. 调速阀中的减压阀失灵；温度补偿调速阀中的温度补偿装置失灵 7. 由于管道振动使调定的位置变化	5. 改用调速阀代替简式节流阀 6. 检查失灵原因，修复有关零件或更换整个阀 7. 调定后用锁紧装置锁住

油温过高的常见原因及排除方法见表 4—13。

表 4—13　　油温过高的常见原因及排除方法

原因分析	排除方法
系统不需要或需要少量压力油时，大量油液长时间经溢流阀高压溢流回油箱，溢流损失过大使油温升高	改进系统设计，当系统不需要压力油时，油液经卸荷回路流回油箱；采用双泵或变量泵代替单个定量泵供油
液压元件规格选用不合理。阀的规格过小，压力损失太大；液压泵的流量过大，溢流损失过大	根据系统工作压力和通过阀的最大流量选择阀的规格；根据系统压力、所需最大流量及流量变化选择液压泵的规格及供油方式
管路过长，通径过小，弯曲过多，造成压力损失过大	根据流量或泵、阀元件规格选择管径，合理布管，缩短管长，减少弯曲和截面变化
压力阀的调整压力过高	在满足系统正常工作条件下，尽可能降低各压力阀的调整压力
液压元件及系统各连接处内外泄漏过大，造成容积损失使油液发热	检修或更换液压元件，减少内泄漏；紧固管接头、连接处螺钉，更换密封件，消除外泄漏

续表

原因分析	排除方法
液压泵、液压马达等元件内部机械摩擦造成功率损失，使元件发热，油温升高	修理或更换元件，提高装配及安装质量，改善润滑条件
油液黏度过大或过小	更换黏度符合要求的液压油
油箱容量小，结构不合理，散热性能差	加大油箱容量，改进结构，增加散热面积，增设冷却装置
冷却器换热面积小或有故障，冷却水量不足，冷却水管中有污垢，管内有空气等原因使冷却效果不佳	增加冷却器换热面积，排除冷却系统故障
环境温度高	尽量减少环境温度对液压系统的影响，设置冷却装置

第五章

钢结构基础知识

第一节 钢结构的特点

钢结构是用钢板、热轧型钢或冷加工成形的薄壁型钢制造而成的。和其他材料的结构相比，钢结构有如下一些特点。

一、钢材的强度高，塑性和韧性好

钢材和其他建筑材料如混凝土、砖石和木材相比，强度要高得多。因此，特别适用于跨度大或荷载大的构件和结构。钢材还具有塑性和韧性好的特点：塑性好，结构在一般条件下不会因超载而突然断裂；韧性好，结构对动力荷载的适应性强。良好的吸能能力和延展性还使钢结构具有优越的抗振性能。另一方面，截面小而壁薄的钢材构件，在受压时需要满足稳定性的要求，钢材的高强度性能有时不能充分显现。

二、钢材的材质均匀，比较符合力学计算的假定

钢材的内部组织结构比较接近于匀质和各向同性体，而且在一定的应力幅度内几乎是完全弹性的。因此，钢结构的实际受力情况和工程力学计算结果比较符合。钢材质量在冶炼和轧制过程中可以严格控制，因而材质波动的范围小。

三、钢结构制造简便，施工周期短

钢结构所用的材料品种单一而且是成材，加工比较简便，并能使用机械操作。因此，大量的钢结构一般在专业化的金属结构厂做成构件，精确度较高。构件在工地拼装，可以采用安装简便的普通螺栓和高强度螺栓，有时还可以在地面拼装和焊接成较大的单元再行吊装，以缩短施工周期。小部分的钢结构和轻钢屋架，也可以在现场就地制造，随即用简便机具吊装。此外，对已建成的钢结构也比较容易进行改建和加固，用螺栓连接的结构还可以根据需要进行拆迁。

四、钢结构的质量轻

钢材的密度虽比混凝土等建筑材料的密度大，但钢结构却比钢筋混凝土结构轻，原因是钢材的强度与密度之比要比混凝土大得多。以同样的跨度承受同样荷载，钢屋架的质量最多不过是钢筋混凝土屋架质量的 1/4～1/3，冷弯薄壁型钢屋架的质量甚至接近钢筋混凝土屋架质量的 1/10，从而为吊装提供了便利条件。对于需要远距离运输的结构，如建造在交通不便的山区和边远地区的工程，质量轻也是一个重要的有利条件。屋盖结构的质量轻，对抵抗地震有利。另一方面，质量轻的屋盖结构对可变荷载的变动比较敏感，荷载超额的不利影响比较大。易受积灰荷载的结构如不注意及时清灰，可能会造成事故。风吸力可能造成钢屋架的拉、压杆反号，设计时不能忽视。

五、钢材耐腐蚀性差

钢材耐腐蚀的性能比较差，必须注重对其结构的防护。尤其是暴露在大气中的结构如桥梁，更应特别注重锈蚀问题，这使其维护费用比钢筋混凝土结构高。不过在没有侵蚀性介质的一般厂房中，构件经过完全除锈并涂上合格的油漆，不易锈蚀。近年来出现的耐候钢具有较好的抗锈性能，已经逐步推广应用。

六、钢材耐热，不耐火

钢材长期经受 100℃辐射热时，强度没有多大变化，具有一定的耐热性能；但温度达 150℃以上时，就须用隔热层对钢材加以保护。钢材不耐火，其重要的结构必须注意采取防火措施。例如，利用蛭石板、蛭石喷涂层或石膏板等加以防护。添加防火层使钢结构造价提高，目前已经开始生产具有一定耐火性能的钢材。

第二节　钢结构的材料

一、建筑钢材料的技术性能

钢材的技术性能一般指钢材的力学性能、工艺性能和为满足某些结构的需要而具有的特殊性能。

钢材的力学性能指标是指钢材在标准条件下均匀拉伸中显示的屈服强度、抗拉强度、伸长率；钢材的技术性能还包括钢材的力学性能指标——冲击韧性和钢材的工艺性能指标——冷弯性能、焊接性能。屈服强度、抗拉强度、伸长率、冲击韧性、冷弯性能称为钢材的五项力学性能指标。

二、影响钢材性能的主要因素

影响钢材性能的主要因素包括化学成分，冶炼、加工过程，时效，冷作硬化，温度，应力集中和残余应力，复杂应力状态等。

三、钢的种类、规格和选用

1. 钢的种类

我国建筑结构用钢主要有碳素结构钢（简称碳素钢）和低合

金高强度结构钢两类。

碳素结构钢按碳的含量又分为低碳钢（$w_C \leqslant 0.25\%$）、中碳钢（$0.25\% < w_C \leqslant 0.6\%$）、高碳钢（$w_C > 0.6\%$）。碳的含量越大，钢的强度越高，但其塑性、韧性和可焊性却显著降低。用于建筑结构的碳素结构钢为低碳钢，碳含量 $w_C \leqslant 0.22\%$。碳素结构钢按其屈服强度分为五个牌号，在建筑结构中广泛应用的碳素结构钢的牌号为 Q235，"Q"代表钢材的屈服强度，"235"为钢材屈服强度的数值，单位是 MPa。依据质量等级及杂质含量，Q235 又分为 A、B、C、D 四个等级，质量等级 A 最低，D 最高，它们的性能指标（屈服强度、抗拉强度、伸长率、冲击韧性、冷弯性能）、化学成分有所不同。碳素结构钢牌号中还用 F、b、Z、TZ，分别表示沸腾钢、半镇静钢、镇静钢和特殊镇静钢，按国家标准规定，Z 和 TZ 可以省略不标。碳素结构钢的牌号列举如下：

Q235A·F——屈服强度为 235 MPa，A 级，沸腾钢；

Q235B·b——屈服强度为 235 MPa，B 级，半镇静钢；

Q235C——屈服强度为 235 MPa，C 级，镇静钢（C 级只有镇静钢）；

Q235D——屈服强度为 235 MPa，D 级，特殊镇静钢（D 级只有特殊镇静钢）。

低合金高强度结构钢是在钢中加入适量的合金元素，如锰、钒、硅等，使其晶粒变细、均匀，从而提高了钢的强度而又不降低其塑性及冲击韧性。低合金高强度结构钢的牌号表示方法与碳素结构钢相同。Q345、Q390、Q420 是钢结构设计规范推荐采用的钢种，它们分五个等级，A、B 级属于镇静钢，C、D、E 级属于特殊镇静钢。

2. 钢的规格

钢结构构件所用型材主要有热轧型钢、冷弯薄壁型钢两大类。常用的热轧型钢有工字钢、H 型钢、T 型钢、槽钢、角钢和热轧成型的钢板、圆钢、热轧无缝钢管等。

建筑结构中常用的冷弯薄壁型钢是由薄钢板（厚 1.5～6 mm）经冷弯或模压而成的。其按截面形式不同有角钢、槽钢、Z形钢、帽形钢、钢管等，还有广泛用于墙面和屋面材料、涂有防腐材料的彩色压型钢板（厚 0.4～2 mm）。冷弯薄壁型钢的壁薄，制成的构件截面开展、惯性矩大，是高效能型材，在轻型房屋建筑中可以用作梁构件、柱构件、墙架、檩条等。

3. 钢的选用

用作钢结构的钢材必须具有下列性能：

（1）较高的强度。即抗拉强度和屈服强度比较高。屈服强度高可以减小截面，从而减轻自重，节约钢材，降低造价。抗拉强度高，可以增大结构的安全性。

（2）足够的变形能力。即塑性和韧性好。塑性好则结构破坏前变形比较明显，从而可减少脆性破坏的危险性，并且塑性变形还能调整局部高峰应力，使之趋于平缓。韧性好表示在动荷载作用下，结构破坏时要吸收比较多的能量，同样也能降低脆性破坏的危险程度。对于采用塑性设计的结构和处在地震频繁发生地区的结构，钢材变形能力的大小具有特别重要的意义。

（3）良好的加工性能。即适合冷、热加工，同时具有良好的可焊性。

此外，根据结构的具体工作条件，在必要时还应该具有适应低温、避免有害介质侵蚀（包括大气锈蚀）以及承受重复荷载作用等性能。在符合上述性能的条件下，同其他建筑材料一样，钢材也应该容易生产，且价格便宜。

第三节　钢结构的连接

钢结构是由钢板、型钢通过必要的连接组成构件（如梁、柱、桁架等），再通过一定的安装连接而形成的整体结构。在受力过程中，连接部位应有足够的强度，被连接杆件间应保持正确的相对位置，以满足传力和使用要求。连接的加工和安装比较复杂且费时。因此，选定连接方案是钢结构设计中很重要的环节。好的连接应当遵循安全可靠、节约钢材、构造简单和施工方便的原则。

钢结构的连接方式分为焊接、螺栓连接和铆钉连接三种。

一、焊接

焊接是目前钢结构中最主要的连接方法，其优点是构造简单、节约钢材、加工方便、易于采用自动化作业。

钢结构中常用的焊接方法有电弧焊、电阻焊和气焊等。

钢结构焊缝接头采用的形式有对接焊缝和角焊缝两种。

二、螺栓连接

1. 普通螺栓连接

（1）螺栓的排列和构造

1）螺栓的规格

钢结构采用的普通螺栓形式为大六角头型，其代号用字母M和公称直径的毫米数表示。普通螺栓材料为普通碳素钢，强度较低。为制造和施工方便，一般情况下同一结构中宜采用同一直径的螺栓，必要时也可采用2～3种不同直径的螺栓。

普通螺栓有M16、M20、M24、M27、M30等多种规格，受力螺栓一般应不小于M16。工程上选用螺栓的直径和数量应根据结构的内力和连接尺寸经计算确定。

2）螺栓的排列和构造

螺栓的排列有并列和错列两种基本形式。并列布置较简单，但栓孔对截面削弱较多；错列布置较紧凑，可减少截面削弱，但排列较为复杂。

螺栓在构件上的排列，一方面，应保证螺栓间距及边距（螺栓至构件边缘的距离）不能太小，否则螺栓之间的钢板以及边缘处螺栓孔前的钢板可能沿作用力方向被剪断；同时，螺栓间距及边距太小，也不利于扳手操作。另一方面，螺栓的间距及边距也不能太大，否则连接钢板不易夹紧，潮气容易进入缝隙引起钢板锈蚀；对于受压构件，螺栓间距过大还容易引起钢板鼓曲。因此，螺栓排列应兼顾受力要求、施工要求和构造要求。

（2）普通螺栓的性能

普通螺栓连接按其传力方式，分为外力与栓杆垂直的受剪螺栓连接、外力与栓杆平行的受拉螺栓连接、同时受剪和受拉的螺栓连接。受剪螺栓依靠栓杆抗剪和栓杆对孔壁的承压来传力；受拉螺栓则由杆件使螺栓张拉传力；同时受剪和受拉的螺栓，则同时依靠栓杆抗剪和栓杆受拉来传力。

在不同类型的普通螺栓连接中，螺栓的规格和数量均需要由螺栓的受力计算来确定。

2. 高强度螺栓连接

（1）高强度螺栓的分类

从受力特征来看，高强度螺栓连接分为摩擦型和承压型两种。

（2）高强度螺栓的性能

高强度螺栓与普通螺栓的区别在于以下几点：一是材质不同，制造高强度螺栓的材料是热处理钢或碳素结构钢中的中碳钢，材料的强度较普通螺栓高很多；二是预拉力不同，高强度螺栓安装时在栓杆中建立了极高的预拉力，其预拉力的大小与螺栓型号有关，而普通螺栓在紧螺母时栓杆中的预拉力很小，设计中不予考虑；三是施工方法不同，普通螺栓采用普通扳手施工，将螺母拧紧即可，而高强度螺栓则需要特制扳手施工，施工中要控制栓杆的预拉力。

目前我国采用的高强度螺栓，按热处理后的强度分为 10.9 级和 8.8 级两种。其中整数部分（10 和 8）表示螺栓成品的抗拉强度不低于 1 000 MPa 和 800 MPa；小数部分（0.9 和 0.8）则表示屈强比为 0.9 和 0.8。

高强度螺栓连接一般采用Ⅱ类孔。摩擦型高强度螺栓因受力时不易产生滑移，其孔径比螺栓公称直径稍大，一般大 1.5～2.0 mm（适用于公称直径超过 M20 的螺栓）；承压型高强度螺栓的孔径比螺栓公称直径大 1～1.5 mm（适用于公称直径超过 M20 的螺栓）。高强度螺栓的构造和排列要求，除栓杆与孔径的差值较小外，其他与普通螺栓相同。

第六章

起重吊装基本知识

第一节　常用起重绳索与吊具

一、绳索

绳索在起重吊运工作中专门用来捆绑、搬运和提升物件，常用的绳索有麻绳、化学纤维绳和钢丝绳。

1. 麻绳

麻绳可分为白棕绳、混合麻绳和线麻绳三种。其中白棕绳的强度较高，使用较广。

麻绳是起重吊运作业中常用的一种绳索，具有轻便、柔软、易捆绑等优点。一般用于质量较小的物件的捆扎，也可作为起重绳、缆绳或平衡绳使用。

使用麻绳的注意事项：

(1) 麻绳只能用于质量较轻物体的捆绑，机动的起重机械及受力较大的地方不得使用麻绳。

(2) 用于滑轮组的麻绳，要求滑轮的直径不得小于麻绳直径的10倍。

(3) 应避免麻绳绳结通过滑轮槽等狭窄的地方。

(4) 用麻绳捆绑构件时，应用衬垫垫好构件的棱角处。

(5) 不要将麻绳和有腐蚀作用的化学物品接触，应将其存放在干燥木板上，不可受潮和高温烘烤。

（6）当麻绳表面均匀磨损超过绳径的 30%，或局部损伤深度超过绳径的 10%时，应降级使用；有断股时禁止使用。

2. 化学纤维绳

化学纤维绳主要有尼龙绳和涤纶绳两种，具有质量轻、柔软、耐腐蚀、弹性好等特点，通常用于吊挂表面光洁或表面不允许磨损的机件和设备。

尼龙绳和涤纶绳都有较大的弹性。当刚刚吊起吊物时，绳子会有明显的伸长，达到许用应力时，其最大伸长率可达 40%左右。因而化学纤维绳对吊物能起到缓冲作用，但却增加了吊运时的不稳定性。

化学纤维绳的使用注意事项：

（1）化学纤维绳遇高温时易熔化，要防止暴晒，远离火焰。

（2）化学纤维绳弹性较大，起吊时不稳定，应防止吊物摆动伤人。另外，一旦断绳，其回弹幅度较大，应采取防止回弹伤人的措施。

（3）化学纤维绳摩擦力小，当带载从缆桩上放出时，要防止绳子全部滑出伤人。

3. 钢丝绳

钢丝绳普遍用于起重机的起升、变幅和牵引机构，还可用作桅杆起重机的张紧绳、缆索起重机与架空索道的支撑绳等。在起重吊运作业中，常常被用来捆扎构件、物料和用作索具。

制造钢丝绳时，首先将钢丝捻成股，然后再将各股（通常为 6 股）围绕绳芯捻制成绳。

钢丝绳的种类很多。在起重吊运作业中，通常采用的钢丝绳是 6×17＋1，6×19＋1，6×37＋1。即采用 6 股的钢丝绳，每股由 17 根、19 根、37 根钢丝组成，钢丝绳内带有一根有机物芯。6×17＋1 钢丝绳的钢丝直径较粗，比较硬，不易弯曲，一般适于做缆绳；6×19＋1 钢丝绳一般用作吊索和在卷扬机上使用；6×37＋1 钢丝绳的钢丝直径较细，较柔软，常用于高速旋转的起重机械以及穿绕滑轮组。

钢丝绳按照搓捻方法不同可分为顺捻、交捻、混合捻等几种。在起重机械上广泛采用交捻，这种钢丝绳中钢丝绕成的方向和绳股绕成的方向相反，所以在负荷时不会扭动和松散。

绳芯分为麻芯（棉芯）、石棉芯、金属芯三种。

钢丝绳的选用应考虑滑轮直径、钢丝绳的安全系数和抗拉强度以及吊索因素。

钢丝绳的选择和使用注意事项：

（1）钢丝绳的规格，应根据不同的用途来选择。如作起吊重物或穿绕滑轮用的钢丝绳，可选择 6×37 或 6×61 规格的钢丝绳；作缆绳或牵引绳用时，可选择 6×19 规格的钢丝绳。

（2）钢丝绳的直径，应根据所要承受载荷的大小及钢丝绳的许用拉力来选择。

（3）钢丝绳的长度，应能满足当吊钩处于最低工作位置时，钢丝绳在卷筒上还缠绕有 2～3 圈的减载圈，避免绳尾压板直接承受拉力。

（4）新钢丝绳在使用之前，应认真检查其合格证，确认钢丝绳的性能和规格符合要求。

（5）钢丝绳穿过滑轮时，滑轮槽的直径应略大于绳的直径。如果滑轮槽的直径过大，钢丝绳容易压扁；槽的直径过小，钢丝绳容易磨损。为延长钢丝绳的使用寿命，滑轮或卷筒的直径与钢丝绳直径的比值可参照表 6—1 选用。

表 6—1　各类起重机械的滑轮或卷筒直径与钢丝绳直径的选用关系

<table>
<tr><th colspan="3">起重机械种类</th><th>滑轮或卷筒直径 D 与钢丝绳直径 d 的倍值关系</th></tr>
<tr><td rowspan="4">桅杆式、汽车式、履带式及一般起重机</td><td colspan="2">手动</td><td>$D \geqslant 16d$</td></tr>
<tr><td rowspan="3">机动</td><td>轻型</td><td>$D \geqslant 16d$</td></tr>
<tr><td>中型</td><td>$D \geqslant 18d$</td></tr>
<tr><td>重型</td><td>$D \geqslant 20d$</td></tr>
</table>

续表

起重机械种类			滑轮或卷筒直径 D 与钢丝绳直径 d 的倍值关系
除以上种类之外的起重机	手动		$D \geqslant 18d$
	机动	轻型	$D \geqslant 20d$
		中型	$D \geqslant 25d$
		重型	$D \geqslant 30d$
1 t 以下的卷扬机			$D \geqslant 12d$
带抓斗的起重机	一类轻型		$D \geqslant 20d$
	$D \geqslant 30d$		二类轻型

二、吊具

在起重吊运工作中需要各种形式的吊具。常用的有吊索（千斤顶）、卸扣、吊钩、吊环、平衡梁和滑轮等。吊具应构造简单、使用方便、容易拆卸，以节省人力和时间，并保证起重吊运工作安全可靠。

1. 吊索

吊索是用钢丝绳制成的一种吊具，因此钢丝绳的许用拉力即为吊索的许用拉力。吊索内力是在吊物件时吊索实际产生的拉力，在工作中吊索内力不应超过其许用拉力。即：

吊索内力≤许用拉力＝破断拉力/安全系数

吊索内力不仅与物件所受重力有关，还与吊索和水平面的夹角有关。夹角越大，内力越小；夹角越小，内力越大。而且它的水平力还对起吊物件产生一定的压力。吊索最理想的垂直状态不易达到，一般状态不小于 30°，应控制在 45°～60°。

2. 卸扣

卸扣用以连接起重滑轮和固定吊索等，是吊装工作的重要工具之一，通用的有销子式和螺旋式两种。螺旋式较常用，一般用碳素钢锻制而成，由马蹄形环和横销两个主要部分组成。为了脱钩方便，将一般卸扣改制成半自动卸扣，即将横轴改成能在地面用拉绳拉动，横轴被拉出而形成脱钩；放松拉绳，横轴又借弹簧的弹力回到原来位置。

卸扣如无合格证明书，在使用前应按额定能力的 1.5 倍进行拉力试验。

要经常检查弯环和横销的磨损情况。如发现严重磨损、变形或疲劳裂纹，应及时更换。

使用卸扣不得超过规定载荷，并只承受拉力，严禁钢丝绳在卸扣两侧起重，在施工现场如需立即判断卸扣的容许起重量，可用近似方法估算：

$$Q=4d_1^2$$

式中　Q——卸扣的容许起重量，kg；

d_1——卸扣的横销直径，mm。

3. 吊钩和吊环

吊钩和吊环是应用最广的吊具。吊钩有单钩和双钩两种。吊环具有环形的封闭外形，常用于起重量很大的起重机上。为了使用方便，一般在吊装重型设备和专用起重机中采用铰节吊环。

吊钩和吊环一般是锻造的，表面应光滑，不得有剥痕、刻痕、锐角、裂纹等存在。每隔 1～3 年检查一次，若发现裂纹，应立即停止使用，如发现危险断面上磨损深度超过 10%，应根据实际断面尺寸验算，根据计算结果确定是否停止使用或降载荷使用。不允许对有裂纹等缺陷的吊钩进行补焊修理。

4. 平衡梁

吊装屋架、大型电动机转子等物件，既要保证物件平衡，又要保证物件不被绳索擦坏，一般采用平衡梁（俗称铁扁担）进行吊装。这种吊装方法简便，安全可靠，它能承受由于倾斜吊装产生的水平分力，减小起吊时物件承受的压力，改善吊耳的受力情况，因而物件不会出现危险的变形，而且还可缩短吊索的长度，降低起吊高度。

平衡梁可做成横梁式、三角式、H形等。

5. 滑轮和滑轮组

滑轮实际上是杠杆的变形，是起重吊运工作中的重要工具之一。

滑轮组是由多个滑轮通过特定连接组成。滑轮组能省多少力，取决于共同承担物件重力的工作绳数。由于滑轮轴承处存在摩擦力，因此滑轮组在工作时，每根绳索所受的拉力并不相同，跑绳的拉力也不是简单地理解成将物件重力除以工作绳数。

导向滑轮又称“开口滑子”，类似定滑轮，仅能改变绳索的运动方向，不能省力，也不能改变速度。

钢丝绳在滑轮组中穿好后，要逐步收紧钢丝绳并试吊，检查有无卡绳、钢丝绳互相摩擦的部位，如有不妥应立即调整。定滑轮和动滑轮应保持一定距离。动滑轮与吊钩应有一定质量，以利空载时吊钩能顺利下降。吊装重型设备时，采用跑头的双联滑轮组为好，这样可以避免吊装时产生滑轮偏歪的现象。

滑轮及滑轮组的使用注意事项：

（1）使用前应进行安全检查。铭牌上的额定负荷、种类和性能应弄清楚；轮槽应光洁平滑，不得有能损害钢丝绳的缺陷；轮轴、夹板、吊钩（吊环）等各部分，不得有裂纹和其他损伤。

（2）滑轮轴应经常保持清洁，涂上润滑油脂，转动应灵活。

（3）在可能使钢丝绳脱槽的滑轮上，设防脱槽装置。

（4）滑轮直径与钢丝绳直径之比要符合要求。

（5）滑轮组在起吊前要缓慢加力，待绳索收紧后，检查有无卡绳、乱绳、脱槽现象，检查固定滑轮组的部位有无松动等情况。确认各项无问题后方可作业。

（6）为防止钢丝绳与轮缘摩擦，在拉紧状态时，滑轮组的上下滑轮之间的距离应保持700～1 200 mm，不得过小。

（7）使用多个滑轮时，必须使每个滑轮都均匀受力，不能以其中的一个或几个滑轮承担全部载荷。

第二节　常用起重机具的安全技术

一、千斤顶

千斤顶是一种用比较小的力就能把重物升高、降低或移动的机具，结构简单，使用方便。千斤顶按其构造形式可分为三种，即螺旋千斤顶、液压千斤顶和齿条千斤顶，前两种千斤顶应用比较广泛。

千斤顶使用的注意事项如下：

1. 使用前，应通过顶杆起落检查内部机构装配情况和传动的灵活性，检查油路是否畅通，还要检查油箱是否有足够的油量，油质是否符合要求。

2. 使用时，千斤顶必须垂直安放在平整、坚实、可靠的地面上，并在其下面垫枕木、木板或钢板来扩大受压面积，以防设备滑动。

3. 千斤顶不得超负荷使用，顶升的高度不准超过活塞上的标志线。如无标志，每次顶升量不得超过螺杆螺纹或活塞总高的3/4，以免将螺杆或活塞全部顶起。不准任意加长手柄，强迫液压千斤顶超负荷工作。

4. 顶升过程中应随构件的升高及时用枕木垫牢，应防止千斤顶顶斜或回油引起活塞突然下降。

5. 在起升设备中途停止作业时，为防止大活塞突然下降，要用一半圆环衬垫，垫在大活塞顶端边沿与油缸上口的间隙中间。

6. 保持储油池的清洁，防止沙、灰尘等进入储油池内堵塞油路。千斤顶应放在干燥无尘土的地方，不可日晒雨淋，使用前应擦干净。

7. 液压千斤顶在落顶时，要微开油门，使其缓慢下降，应防止下降过快，以免损坏千斤顶。使用齿条式千斤顶时，在落顶时要手握摇把，缓慢地下落，防止摇把自转伤人或落顶过快造成事故。

8. 几个千斤顶联合使用时，各千斤顶应同步升降，每个千斤顶的起重能力不得小于其计算荷载的 1.2 倍。

二、倒链

倒链又称手拉葫芦，可用来起吊轻型物件、拉紧桅杆的缆风绳等。它适用于小型设备和重物的短距离吊装及机械设备的检修拆装。倒链具有结构紧凑、拉力小、携带方便、使用方法比其他的起重机械容易掌握等优点。

倒链使用的注意事项如下。

1. 倒链使用前需检查传动部分是否灵活，链子和吊钩及轮轴是否有裂纹损伤，手拉小链是否有跑链或掉链等现象。

2. 使用时挂上重物后，要慢慢拉动链条。当起重链条受力后再检查链条部分有无变化，自锁装置是否起作用。经检查确认各部分情况良好后，方可继续工作。

3. 倒链在起重时，不能超出起重能力。在任何方向起动时，拉链方向应与链轮方向相同，要注意防止手拉链脱槽，拉链子的力量要均匀，不能过快过猛。

4. 要根据倒链的起重能力大小决定拉链的人数。如手拉链拉不动时，要查明原因，而不能增加人数合力猛拉，以免发生事故。

5. 转动部分要经常加油，保证润滑，减少磨损。但不准将润滑油渗进摩擦片内，以防自锁装置失灵。

三、电动卷扬机

电动卷扬机由于起重能力大、速度变换容易、操作方便安全，因此在起重作业中是经常使用的一种牵引设备。电动卷扬机主要由卷筒、减速器、电动机和控制器等部件组成。

电动卷扬机的固定方法有固定基础法、地锚法。

电动卷扬机使用的注意事项如下。

1. 电气线路要勤加检查，电动机要运转良好，电磁抱闸要有效，全机接地应无漏电现象。

2. 传动机构要啮合正确、无杂声，还要勤加油润滑。

3. 卷筒上的钢丝绳必须排列整齐，且至少要保留 3 圈。

四、地锚

地锚又称锚桩、锚点、锚碇、拖拉坑，起重作业中常用地锚来固定拖拉绳、缆风绳、卷扬机、导向滑轮等，地锚一般用钢丝绳、地龙木（采用钢管、钢筋混凝土预制件、圆木等制作）埋入地下做成，如图 6—1 所示。

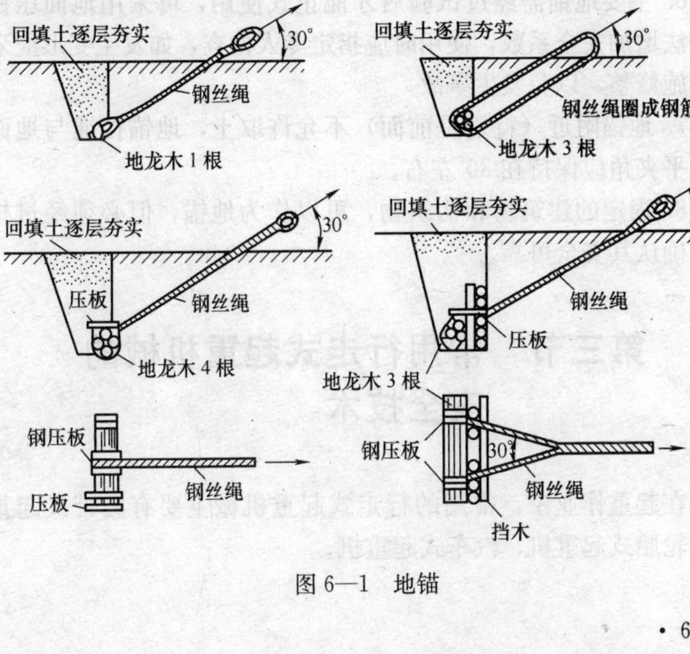

图 6—1　地锚

地锚是固定卷扬机必需的装置，常用的形式有桩式地锚、坑式地锚。

使用地锚的注意事项如下：

1. 木质地锚应选用落叶松、杉木等坚实木料，严禁使用质脆或腐朽木料。埋设前应涂刷防腐油，并在钢丝绳捆绑处加钢管和角钢保护。

2. 根据土质情况可按经验做法，也可经设计确定，开挖的基槽要求规整。

3. 地锚的埋设处应平整不积水，因为雨水渗入坑内会泡软回填土，降低土壤的摩擦力，坑的四周要有排水沟。

4. 拉杆或拉绳与地龙木的连接处，一定要用薄铁板垫好，防止由于应力过度集中而损伤地龙木。

5. 地锚只允许在规定的方向受力，其他方向不允许受力，不能超载使用。

6. 主要地锚需经过试验后才能正式使用，可采用地面压铁的方法增加安全系数，使用时应指定专人检查，如发生变形应采取措施修整，以免发生事故。

7. 地锚附近（特别是前面）不允许取土，地锚拉绳与地面的水平夹角应保持在30°左右。

8. 固定的建筑物和构筑物，可以作为地锚，但必须经过核算，确认其安全可靠。

第三节 常用行走式起重机械的安全技术

在起重作业中，常用的行走式起重机械主要有履带式起重机、轮胎式起重机、汽车式起重机。

一、履带式起重机

履带式起重机因其行走部分为履带而得名，如图 6—2 所示。履带式起重机操作灵活，使用方便，车身能 360°回转，越野性能好，并且可以载荷行驶；但是机动性差，长距离转移时要用拖车或火车运输，对道路破坏性较大，且起重臂拆接繁琐，增加工人的劳动强度。

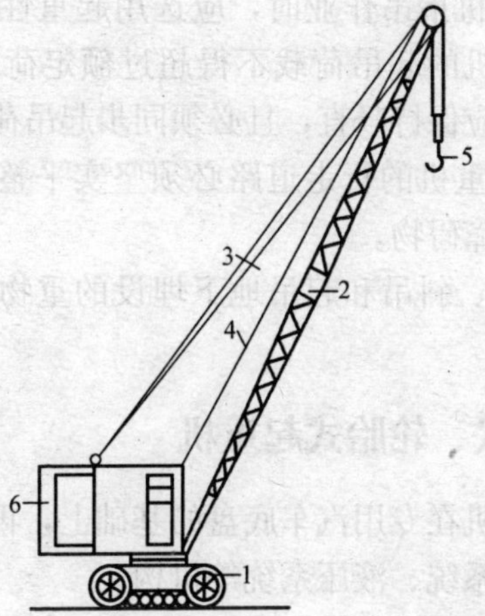

图 6—2 履带式起重机

1—履带 2—起重臂 3—起落起重臂钢丝绳

4—起落吊钩钢丝绳 5—吊钩 6—机身

履带式起重机适用于一般工业厂房的吊装。

履带式起重机使用的注意事项如下：

1. 起重机运到现场组装起重臂杆时，必须将臂杆放置在枕木架上进行螺栓连接和钢丝绳穿绕作业。

2. 应按照现行国家标准《起重机械安全规程》（GB 6067.1—2010）和产品说明书的规定，来安装起重机的幅度指示器、超高限位器、力矩限制器等安全装置。

3. 起重机工作前应先空载运行，并检查各安全装置的灵敏可靠性。起吊重物时应在距离地面 200～300 mm 处停机，进行试吊检验，确认符合要求后，方可继续作业。

4. 当起重机接近满负荷作业时，应避免起重臂杆与履带成垂直角度。当起重机吊物并短距离行走时，吊重不得超过额定起重量的 70%，且吊物必须位于行车的正前方，并用拉绳保持吊物的相对稳定。

5. 当采用双机抬吊作业时，应选用起重性能相近的两台起重机进行，且单机的起吊荷载不得超过额定荷载的 80%；两机吊索在作业中均应保持竖直，且必须同步起吊荷载和同步落位。

6. 履带式起重机的行走道路必须坚实平整，周围环境必须开阔，且不得有障碍物。

7. 禁止斜拉、斜吊和起吊地下埋设的重物或凝结在地面上的重物。

二、汽车式、轮胎式起重机

汽车式起重机在专用汽车底盘的基础上，再增加了起重机构以及支腿、电气系统、液压系统等机构。

汽车式起重机最大的特点是机动性好，转移方便，又由于支腿及起重臂都采用液压式，故可大大减轻工人的劳动强度。但是汽车式起重机超载性能差，且越野性能也不如履带式起重机，故对道路的要求比履带式起重机更严格，所以在使用时应特别注意安全问题。

轮胎式起重机的动力装置是采用柴油发动机带动直流发电机，再由直流发电机发出直流电传输到各个工作装置的电动机。行驶和起重操作都在一起进行，行走装置为轮胎，起重臂为格构式，如图 6—3 所示。

汽车式、轮胎式起重机使用的注意事项如下：

1. 必须按照额定的起重量工作，不能超载和违反该车使用

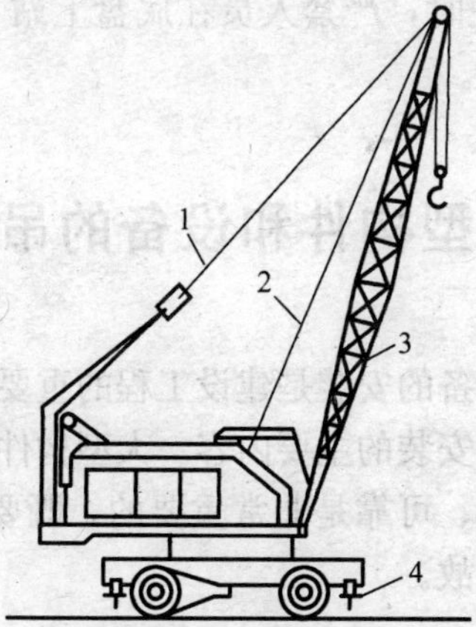

图 6—3　轮胎式起重机

1—变幅索　2—起重索　3—起重杆　4—支腿

说明书所规定的条款。

2. 作业前应伸出全部支腿，并采用方木或铁板垫实，调整水平度，锁牢定位销；支腿处必须坚实，铺垫道木以加大承压面积；还应对支腿进行检查，查看有无陷落现象，以保证使用安全。

3. 起重机吊装作业时，汽车驾驶室内不得有人，重物不得超越驾驶室上方且不得在车前区吊装。

4. 起重机作业时，重物应垂直起吊，不得侧拉，臂杆吊物回转时动作应缓慢。

5. 起重机吊物下降时，必须采用动力控制，下降停止前应减速，不得紧急制动。

6. 当采用起重臂杆的副杆作业时，副杆由原来叠放位置转向调直后，必须先确认副杆与主杆之间的连接定位销锁牢，然后方可进行作业。

7. 起重机除应按规定装设力矩限制器、超高限位器等安全装置外，还应装设偏斜调整和显示装置。

8. 起重机行驶时，严禁人员在底盘上站立或蹲坐，且不得在底盘上堆放物件。

第四节　大型构件和设备的吊装安全技术

大型构件和设备的安装是建设工程的重要组成部分，而吊装是大型构件和设备安装的主要内容。大型构件和设备的起重吊装作业中，保证安全、可靠是非常重要的，既要保证无人身事故，又要保证无工程事故。

一、起重吊装的要求

一般起重吊装工作按起重量分为三级：大型设备的起重吊装为 40 t 以上；中型设备的起重吊装为 15～40 t；一般小型设备的起重吊装为 15 t 以下。

如果起重吊装的设备形状复杂、刚度小、长细比大、精密贵重、施工条件特殊，起重量应提升一级。

起重吊装大型设备时，必须编制施工方案，中型设备的起重吊装要有技术措施。在用定型起重机械、履带式起重机、汽车式起重机等进行吊装作业时，必须遵守起重机械的操作规程。

在吊装作业中使用的起重机具必须有出厂合格证，而且不准超载使用。如果使用旧的起重机具，必须详细检查有无损伤，必要时由工程技术人员进行验算或试验决定。

1. 编制施工方案

施工方案主要包括如下内容：

(1) 施工方案设计说明书包括设备的质量、重心、几何尺寸、精密度等。

(2) 在吊装过程中机具最大受力时的强度和稳定性的核算。

(3) 平面布置图包括设备的运输、拼装、吊装位置，桅杆竖立、移动或拆除的位置，或其他定型起重机的吊装位置，地锚和卷扬机的布置以及警戒区域等。

（4）施工机具一览表。

（5）劳动组织和岗位责任制。

（6）施工指挥的命令下达程序，指挥信号的确定等。

2. 施工前的准备工作

（1）施工机具、地锚等应进行自检，并有自检记录。

（2）设备基础、地脚螺栓的位置应符合工程质量要求。

（3）基础周围的土方应已回填夯实。

（4）施工现场的地面应坚实平整。

（5）待安装的设备已符合施工的要求，并已具备吊装条件。

（6）人员分工明确。

（7）施工电源能保证在整个施工过程中正常供电。

（8）掌握天气情况。

（9）吊装前一般均应进行试吊，即要求设备抬头离地，以便检查机具、缆风绳、地锚等受力情况及施工人员操作、指挥的熟练程度，确定无问题后才能正式吊装。

（10）其他准备工作均已完成。

3. 起重吊装作业的安全技术

（1）凡参加吊装的施工人员都必须坚守工作岗位，并听从指挥，统一行动，确保设备吊装的安全可靠。

（2）开始吊装前，吊装人员必须仔细检查被吊设备捆绑是否牢固、是否找准重心。

（3）设备及构件吊升时应平稳，避免振动或摆动。在设备构件就位前，严禁解开索具。

（4）任何人不准随同吊装设备或吊装机具升降。

（5）吊装设备或构件时，在作业范围内应设警戒线并树立明显的标志，严禁非工作人员通行。在吊装时，施工人员不准在设备或构件下面及受力索具附近停留。

（6）严禁在风速六级以上时进行吊装工作，大型设备吊装时风速不能超过五级。

（7）不得在雾天及雨天吊装设备或拆移桅杆。夜晚进行吊装工作时，必须有充足的照明，并经有关单位同意。

（8）拖拉绳跨公路时，绳距路面不得低于 7 m，以免阻碍车辆通行，与带电线路距离应保持 2 m 以上或设置保护架，严禁与电线接触，以防止发生事故。

（9）在吊装过程中，如因故中断时，必须采取安全措施，不得使设备或构件悬空过夜。

4. 起重机械的使用安全技术

（1）每台起重设备必须由经过培训、考核合格，并持有操作证的司机操作。

（2）司机接班时，应对制动器、吊钩、钢丝绳和安全装置进行检查。发现性能不正常时，应在操作前排除。开车前，必须鸣铃或报警。操作中接近人时，应给以断续铃声或报警。

（3）操作应按指挥信号进行。不论何人发出紧急停车信号，都应立即执行。

（4）当确认起重机上或其周围无人时，方可闭合主电源。闭合主电源前，应使所有的控制器手柄置于零位。

（5）工作中突然断电时，应将所有的控制手柄扳回零位；在重新工作前，应检查起重机动作是否正常。

（6）在轨道上露天作业的起重机，当工作结束时，应将起重机锚定住。当风力大于六级时，一般应停止工作，并将起重机锚定住。对于在海边工作的起重机，当风力大于七级时，应停止工作，并将起重机锚定住。

（7）司机进行维护保养时，应切断主电源并挂上标志牌或加锁。必须带电修理时，应戴绝缘手套、穿绝缘鞋、使用带绝缘手柄的工具，并有人监护。起重工作进行时，不得检查和维修。

（8）吊装作业必须遵守“十不吊”的原则，即遇有被吊物质量超过机械的性能允许范围、信号不清、吊物下方有人、吊物上站人、埋在地下物、斜拉斜牵物、散物捆绑不牢、立式构件和大模板等不用卡环、零碎物无容器、吊装物质量不明等情况均不进行吊装作业。

(9) 起重机运行时，不得利用限位开关停车。对无反接制动性能的起重机，除特殊紧急情况外，不得打反车制动。不得在有荷载情况下调整起升、变幅机构的制动器。

(10) 吊运时，重物不得从人头顶通过，吊臂下严禁站人。

(11) 在厂房内吊运货物应走指定通道。在没有障碍物的线路上运行时，吊物（吊具）底面应吊离地面 2 m 以上；有障碍物需要穿越时，吊物（吊具）底面应高出障碍物顶面 0.5 m 以上。

(12) 起重机工作时，臂架、吊具、钢丝绳、缆风绳及重物等，与输电线路的最小距离不应小于表 6—2 的规定。

表 6—2　　臂架及重物等与输电线路的最小距离

输电线路电压 u（kV）	<1	1～35	≥60
最小距离（m）	1.5	3	0.01（u－50）＋3

(13) 重物不得在空中悬停时间过长。重物起落速度要均匀，非特殊情况不能紧急制动和急速下降。

(14) 对于流动式起重机，工作前应按说明书的要求平整停机场地，牢固可靠地打好支腿。

(15) 吊臂仰角很大时，不准将起吊的重物骤然落下，以防止起重机向另一侧翻倒。吊运重物时不准落臂；必须落臂时，应先把重物放在地上再落臂。

(16) 起重机回转时，动作要平稳，不得突然制动。

(17) 两台或多台起重机吊运同一重物时，各台起重机的升降、运行应保持同步；各台起重机所承受的荷载均不得超过各自的额定起重能力。

(18) 有主、副两套起重机构的起重机，主、副起重机构不应同时开动（设计允许同时使用的专用起重机除外）。

(19) 禁止在起重机上存放易燃易爆物品。

(20) 起重指挥发出的指挥信号必须准确，动作信号必须在所有人员退到安全位置后发出。司机室应备灭火器。

二、起重桅杆

桅杆（又称把杆或桅子）是安装工地最常用、最简单的起重设备。常用的起重桅杆有独脚桅杆、人字桅杆和悬臂桅杆等几种，一般由起重系统（包括桅杆、动力设备、索具、滑轮组等）和稳定系统（包括缆风绳、地锚等）两部分组成。

1. 独脚桅杆

独脚桅杆构造简单，使用较广泛，适用于预制的柱、梁和屋架等构件的吊装。独脚桅杆主要由桅杆、缆风绳、起重索具、导向轮和动力设备等几部分组成，如图 6—4 所示。

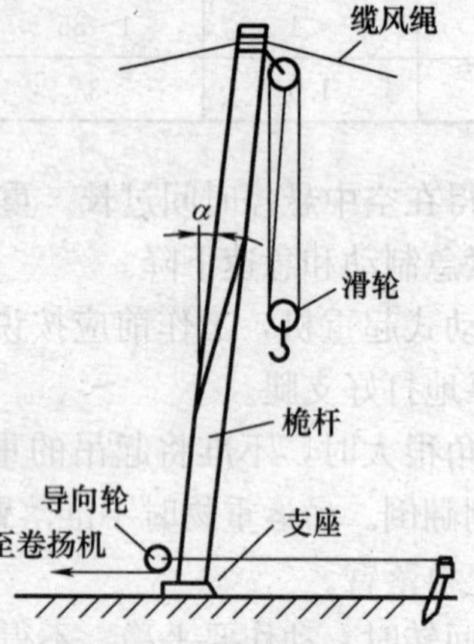

图 6—4　独脚桅杆

桅杆的粗细和长短取决于起重量和起重高度。钢管制独立桅杆具有制造方便、自重轻、架设搬运都较容易等特点。钢管独脚桅杆一般采用无缝钢管制作，它的起重量可达 30 t，桅杆高度可达 30 m，桅杆接长时，可用对焊的方法，并加焊角钢，角钢长度应为 500～600 mm。

桅杆竖直后应有一定的倾角（一般为 5°～10°），倾角过大时，桅杆容易滑动。保持一定的倾角，主要目的是利于吊装，防止构件撞击桅杆。为了便于移动，可在桅杆的支座下装上滑橇或走板。

桅杆的稳定主要依靠缆风绳保持，绳的一端固定在桅杆顶端，另一端固定在锚碇上。缆风绳的数量应根据起重量和起重高度以及缆风绳的强度等决定，一般不少于 3 根。缆风绳与水平面的夹角不得超过 45°，只有在特殊情况下，可增至 60°。起重的滑轮应固定在桅杆与缆风绳的交点处。

2. 人字桅杆

人字桅杆（又称人字扒杆或两木搭）可用钢管或圆木搭成，如图 6—5 所示。

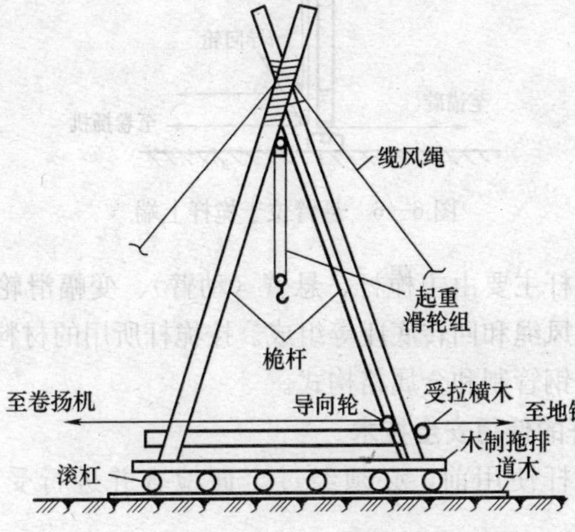

图 6—5　人字桅杆

3. 悬臂桅杆

悬臂桅杆在建筑施工中应用较广泛。悬臂桅杆不仅能垂直起吊重物，还能在悬臂活动范围内将重物水平移动。根据悬臂安装位置的不同，悬臂桅杆分为两种类型：一种是悬臂位于桅杆上端，如图 6—6 所示；另一种是悬臂位于桅杆下端，如图 6—7 所示。

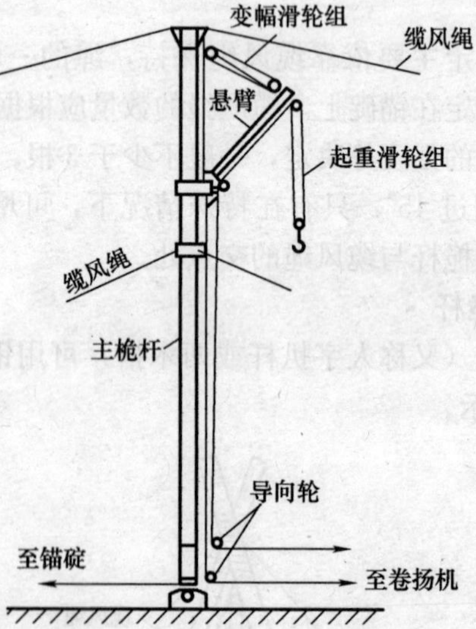

图 6—6　悬臂位于桅杆上端

悬臂桅杆主要由主桅杆、悬臂（动臂）、变幅滑轮组、起重滑轮组、缆风绳和回转底座等组成。按桅杆所用的材料不同，可分为木制、钢管制和金属格构式。

4. 桅杆的使用安全技术

（1）桅杆使用前，必须经过全面检查并进行受力分析和核算。

（2）桅杆的高度要计算好，以防止由于高度不够，使设备吊不到位而造成返工。

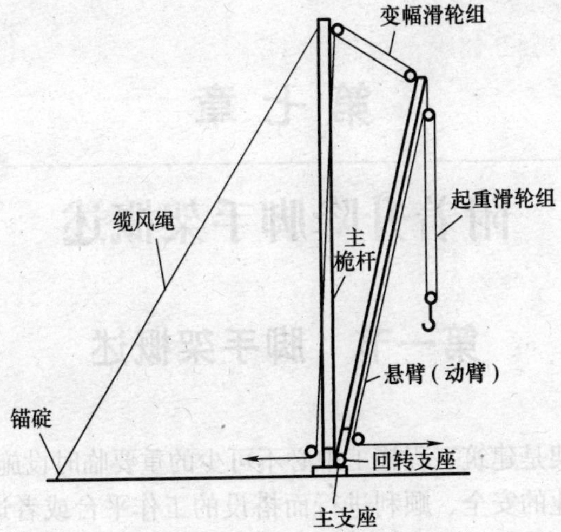

图 6—7　悬臂位于桅杆下端

（3）卷扬机至桅杆底座处导向轮的距离应大于桅杆高度，受吊装场地限制时，其距离也不能小于 8 m，以使钢丝绳跑头引入卷筒时接近水平。

（4）桅杆柱脚与地面或支座应垫牢，如有缝隙，须用木楔塞紧。

（5）起吊设备不得与桅杆碰撞，作业时必须服从统一指挥。

（6）设备起吊刚离开支撑面时，应仔细检查，确认各部件良好后，才能继续起吊。

第七章

附着升降脚手架概述

第一节　脚手架概述

脚手架是建筑工程施工中必不可少的重要临时设施，是为保障高处作业的安全、顺利进行而搭设的工作平台或者运输通道。结构工程、装修工程以及设备管道的安装工程的施工，都需要按照操作要求搭设脚手架。因此，在建筑施工中，脚手架工程占有特别重要的地位。

我国脚手架工程的发展主要经历了三个阶段。第一阶段是新中国成立至20世纪60年代的自然发展阶段，脚手架主要采用的是木、竹等材料。第二阶段是20世纪60年代末至70年代，钢管架开始传入我国，使脚手架技术进入了一个新时期，出现了扣件式钢管脚手架、钢制工具式脚手架等。在这一时期，钢与木、竹脚手架并存。第三阶段是20世纪80年代至今，随着我国建筑业的蓬勃发展，尤其是高大建筑的大量出现，使得国内一些研究、设计、施工等机构在从国外引入新型脚手架的基础上，逐渐开发了门式、碗扣式等一系列新型脚手架，出现了多种脚手架并存的局面。脚手架的发展趋势是金属脚手架必然代替木、竹脚手架。

一、脚手架的分类

1. 按脚手架所用材料分类

脚手架可以分为木脚手架、竹脚手架、金属脚手架。在金属脚手架中又有扣件式、碗扣式、门式、承插式、附着式脚手架等。

2. 按脚手架用途分类

脚手架可以分为结构脚手架、装修脚手架、安装脚手架、修缮脚手架和支撑脚手架等。

3. 按脚手架搭设位置分类

脚手架可以分为外脚手架和内脚手架。

凡是搭设在建筑物外围的脚手架，统称为外脚手架。按照其搭设方法的不同，可以分为以下几种。

（1）落地式脚手架。从地面搭起，建筑物多高，就搭多高。这种脚手架对外墙砌筑、墙面质量的控制起到很大作用；但需要大量脚手架材料，搭设费工费时。建筑物越高，脚手架的稳定性越差，所以高层建筑物的落地式脚手架要采取相应的稳固措施。

（2）挂脚手架。挂靠在墙上或柱上的脚手架，随工程的进展上下移挂。

（3）吊脚手架。从屋面或楼板上悬吊下来，利用起重机具逐步提升或下降。

（4）挑脚手架。从墙上向外挑出。

后三种脚手架主要用于墙面装饰施工，都属于装饰脚手架。

凡是搭设在建筑物内部的脚手架，统称为内脚手架。内脚手架搭设在楼层内，可以随楼层建高而搬移。工人在室内操作安全可靠，脚手架的构造也比较简单、省料、轻便，能多次重复使用。

4. 按脚手架的结构形式分类

脚手架可以分为杆件组合式脚手架、框架组合式脚手架、格构组合式脚手架、台架等。

二、脚手架的作用与要求

建筑脚手架是施工作业中必不可少的设施，没有它就难以进行施工作业和确保施工安全、工程质量以及施工进度，此外脚手架又占用着施工企业的大量流动资金，是企业经济管理工作中的重要环节之一。在科学技术迅速发展的今天，建筑脚手架工程是衡量建筑施工技术发展水平的重要标志之一。

选择脚手架的类型，要根据工程特点、材料配备以及施工方法等因素来决定，力求达到安全、坚固、适用和经济。无论哪一种脚手架，都必须满足以下几点要求：

1. 要有足够的坚固性和稳定性。施工期间在允许荷载和气候条件件的作用下，不产生变形、倾斜或摇晃现象，确保施工人员的人身安全。

2. 要有足够的面积，能满足工人操作、材料堆放以及车辆通行的需要。

3. 因地制宜，就地取材，尽量节约脚手架用料。

4. 构造简单，拆装方便，并能多次周转使用。

第二节　附着升降脚手架的特点和分类

进入20世纪90年代以后，由于高层建筑以及高耸构筑物在建设工程中所占的比重迅速扩大，对施工脚手架在安全可靠、快速和经济方面提出了更高的要求，附着升降脚手架开始在建筑施工中出现，并得以迅速发展。

建筑施工附着升降脚手架是仅需搭设一定高度，并通过附着支撑结构附着于高层、超高层工程结构上，具有防倾覆、防坠落装置，依靠自身的升降设备和装置，随工程结构施工逐层爬升直至结构封顶，可继而为满足外墙装饰作业要求实现逐层下降的辅助施工外脚手架。它可以满足结构施工、安装施工、装修施工等施工阶段中，工人在建筑物外侧进行操作时的施工工艺及安全防护需要。它是20世纪80年代末、90年代初在挑、吊、挂脚手架的基础上发展起来的，是适应高层建筑、特别是超高层建筑施工需要的新型脚手架。

一、附着升降脚手架的特点

附着升降脚手架具有以下特点：

1. 节约大量人力、物力

附着升降脚手架仅需搭设一定的高度（一般为四层半楼层高度），就可以满足整个建筑物主体结构施工和外墙面装饰施工的需要。与其他类型的外脚手架相比，附着升降脚手架可节约大量的钢管、扣件、安全防护材料和搭拆人工费用。

2. 可实现自动升降

附着升降脚手架架体附着支撑在建筑结构上，依靠自身的升降设备，可随着建筑物主体结构的施工逐层爬升，并能实现下降施工作业，在建筑施工中起到提供操作平台和安全防护的作用。

3. 可提高施工工效

附着升降脚手架围绕建筑主体结构外围搭设，可以整体进行升降，也可以分段分片升降，升降一层及就位固定所用的时间一般仅需 2～3 h，而搭拆一层外脚手架至少需要一天时间。因此，使用附着升降脚手架有利于提高工程施工进度。

4. 有利于安全施工

附着升降脚手架在地面或裙楼顶部一次性搭设安装成形后，整个升降施工中不需要增加脚手架材料，避免了高空多次搭拆脚手架体带来的不安全因素；而且，整体搭设的附着升降脚手架在建筑物外围形成封闭的脚手架体，可有效地防止高空坠物。

5. 专业性要求较高

附着升降脚手架是由各种类型的钢结构件、附着支撑结构、升降机构、电气控制设备、安全保护系统等组成的高空作业脚手架，涉及脚手架、钢结构、机械、电气和自动控制等技术领域，是一项具有较高要求的综合型专业技术。与其他各种类型脚手架施工相比，无论是附着升降脚手架的安装、拆除和施工管理，还是从事附着升降脚手架施工作业人员的业务素质，专业性要求更高。

6. 适用范围比较广

附着升降脚手架一般适用于主体结构 20 层以上，外形结构无较大变化的各种类型高层建筑，包括建筑物平面呈矩形、曲线形或多边形的各类建筑物主体结构施工。

二、附着升降脚手架的分类

附着升降脚手架一般可按架体的升降方式、附着支撑结构的形式、升降机构的类型进行分类。

1. 按架体的升降方式分类

附着升降脚手架按升降方式可分为单跨附着升降脚手架、多跨附着升降脚手架、整体附着升降脚手架、互爬式附着升降脚手架四种。

(1) 单跨附着升降脚手架

单跨附着升降脚手架是指仅有两套升降机构，并可以单跨升降的附着升降脚手架，如图 7—1 所示。单跨附着升降脚手架一般用于无法连成整体升降脚手架的部位。若采用手拉葫芦作为升降机构，只能用单跨附着升降脚手架。

(2) 多跨附着升降脚手架

多跨附着升降脚手架是指有三套以上升降机构，并可以同时升降的连跨升降脚手架。在建筑物主体结构的外墙面上下有变化，以及有分段流水的施工作业时使用。

由于多跨附着升降脚手架不能形成整体结构，因此在架体升降过程中，对架体防倾覆装置的安装和使用要求较高，而且每层升降用时过多。

(3) 整体附着升降脚手架

整体附着升降脚手架是指有多套升降机构，整个架体形成一

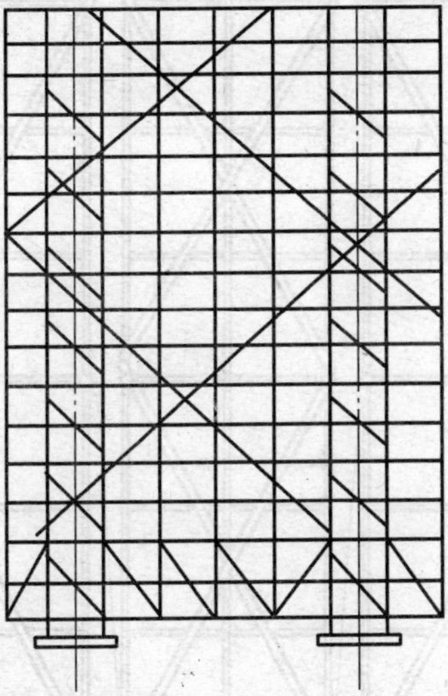

图 7—1　单跨附着升降脚手架

个封闭的空间，并可以整体升降的多跨附着升降脚手架。整体附着升降脚手架应用于建筑物主体结构上下无变化的情况，其整体性能较好，架体向里外倾斜的可能性小，升降过程中的安全性能优于其他附着升降脚手架。由于整体附着升降脚手架在升降过程中有多套升降机构同时工作，因此，对控制升降机构的同步性能要求较高。

（4）互爬式附着升降脚手架

互爬式附着升降脚手架是将围绕建筑物主体结构外围的升降脚手架分成一段段独立的单元架体，利用相邻架体互为支点并交替提升的升降脚手架，如图 7—2 所示。其结构简单，易于操作，但架体的分段较多，架体整体性较差，安全防护性能不如整体附着升降脚手架。互爬式附着升降脚手架的升降机构一般采用手拉葫芦，架体升降的同步性差，每层升降的操作时间比较长。

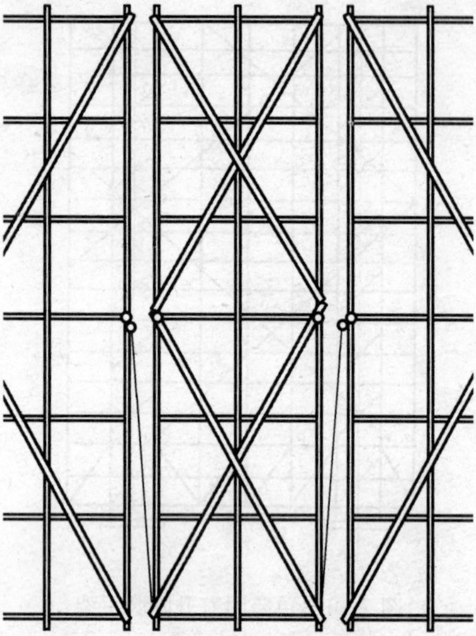

图 7—2　互爬式附着升降脚手架

2. 按附着支撑结构的形式分类

附着升降脚手架按附着支撑结构形式可分为吊拉式、吊轨式、导轨式、导座式、套框式、挑轨式、套轨式、锚轨式等，其中主要的附着支撑形式有吊拉式附着支撑、导轨式附着支撑和套框式附着支撑三种，其他附着支撑形式基本上是这三种形式的改型和扩展。

(1) 吊拉式附着支撑

吊拉式附着支撑由上下两套附着支撑装置组成：上面一套附着支撑装置有提升挑梁（又称为悬挂梁、悬挑吊梁）、上拉杆和穿墙螺栓等部件，如图 7—3 所示。架体的升降，是利用从外墙面或边梁上悬挑伸出来的提升挑梁和上拉杆附着支撑在建筑物上，通过若干组悬挂在提升挑梁上的升降机构吊拉住架体来实现的；而架体的附着固定则利用另外一套下拉杆连接在建筑主体结构上。

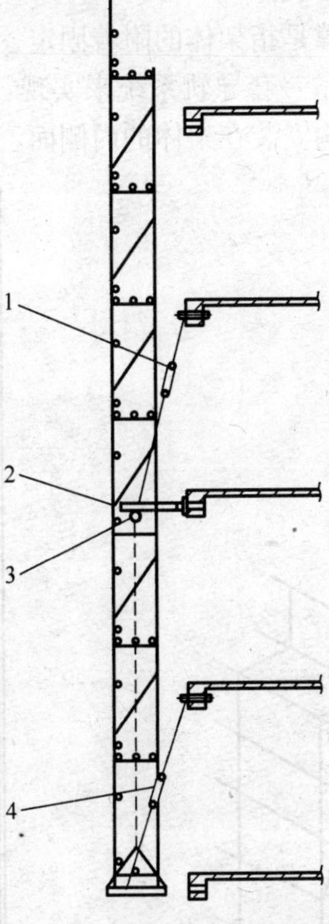

图 7—3　吊拉式附着支撑结构

1—上拉杆　2—提升挑梁　3—升降机构　4—下拉杆

吊拉式附着支撑的显著特点是架体在升降过程中，提升吊点的位置处于升降脚手架的重心，架体属于中心提升，升降较平稳。架体向里外倾覆的水平分力较小，防倾覆装置的受力处于较理想的状态。由于提升状况的需要，提升挑梁和上拉杆固定在建筑物上并伸到架体内部，移动的架体在升降时必须避让提升挑梁和上拉杆，因此每套升降机构从下往上至少有 3～4 步的内侧桁架面不连续，而且这几步架体的操作面也不连续，如图 7—4 所示。

（2）导轨式附着支撑

导轨式附着支撑是指架体的附着固定、升降以及防坠落装置和防倾覆装置均依靠一套导轨系统来实现，如图 7—5 所示。脚手架升降时升降机构安装在架体的内侧面，升降机构与架体不发

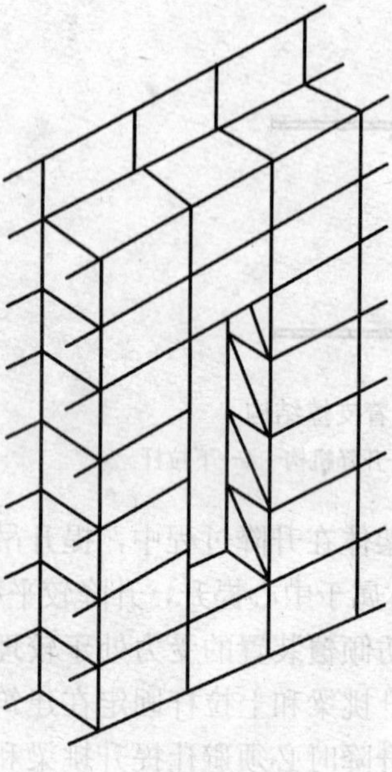

图 7—4　吊拉式附着支撑升降脚手架内部桁架结构

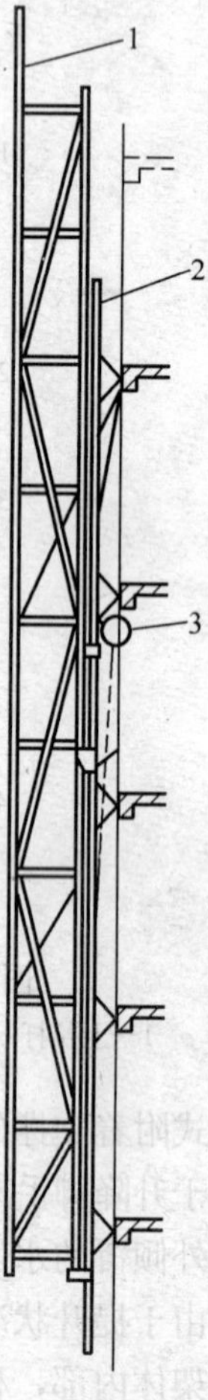

图 7—5　导轨式附着支撑结构
1—架体　2—导轨　3—升降机构

生相互运动干涉，每个机位处内侧桁架不需要断开，每步的操作面都是连续的，操作人员在架体上行走或操作比较方便。因升降机构的提升吊点设置在架体内侧，导轨式附着支撑脚手架属于偏心提升。提升工况中，架体外倾力矩较大，导轨及其固定处的竖向主框架受力状态较差，易变形后影响架体的正常升降。因此，对导轨的设计、制作、附着固定和安装调整要求较高。

(3) 套框式附着支撑

套框式附着支撑是指架体的附着固定和升降是通过两个能相对滑动的主框架和套框架的交替移动和固定来实现的，如图 7—6 所示。其特点是结构简单，便于操作。升降机构安装在架体内部，随架体一起升降，减少了移动升降机构的工作量。套框架既作为架体升降的附着支撑点，又是架体升降过程中的防倾覆装置。由于套框式附着支撑的结构特点，两个框架在相互接触和移动范围内的桁架结构在制作和安装方面要求较高。因受到结构限制，每次架体升降一层楼高度需要多次移动框架，每层的升降时间较长。套框式附着升降脚手架主要适用于剪力墙结构的高层建筑。

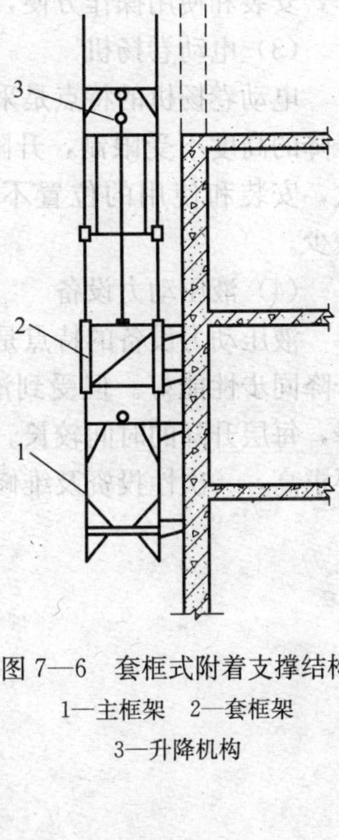

图 7—6 套框式附着支撑结构
1—主框架 2—套框架
3—升降机构

3. 按升降机构的类型分类

(1) 手拉环链葫芦

一般采用 3～5 t 的手拉环链葫芦作为架体的升降机构。其结构简单、质量轻、易于操作、使用方便。因采用人工操作，当出现故障时可及时发现、排除或予以更换。由于其力学性能较差，人工操作因素影响较大，多台手拉环链葫芦同时工作时不易保持同步性，因此手拉环链葫芦不适用于多跨或整体附着升降脚手架，一般只用于单跨升降脚手架的升降施工。

（2）电动葫芦

一般采用 5～10 t 的电动葫芦作为架体的升降机构。此类升降机构体积小，质量轻，升降速度一般为 0.08～0.15 m/min。电动葫芦运行平稳，制动灵敏可靠，可实现群体使用时的电控操作，安装和使用操作方便，使用范围较广。

（3）电动卷扬机

电动卷扬机的特点是采用钢丝绳提升，结构简单，架体每次升降的高度不受限制，升降的速度也较快。因其体积和质量较大，安装和使用的位置不易布置，在附着升降脚手架中应用较少。

（4）液压动力设备

液压动力设备的特点是架体升降相当平稳，安全可靠，整体升降同步性能好。但受到液压缸行程的限制，架体无法连续升降，每层升降的时间较长。因其结构复杂，安装和维护技术水平要求高，一次性投资及维修成本较高。

第八章

附着升降脚手架的基本结构

附着升降脚手架主要由架体结构和附着升降系统两大部分组成。

第一节　附着升降脚手架的架体结构

一、架体结构的基本要求

1. 架体结构的功能

（1）架体结构是附着升降脚手架的主体，如图 8—1 所示。它应具有足够的强度和适当的刚度，可承受架体的自重、施工荷载和风荷载。

（2）架体结构应沿建筑物施工层外围形成一个封闭的空间，并通过设置有效的安全防护，确保架体上操作人员的安全，及防止高空坠物伤人事故的发生。

（3）架体上应有适当的操作平台供施工人员操作和防护之用。

2. 架体结构的几何尺寸

（1）架体结构的搭设高度，应根据建筑物主体结构的层高和施工工艺来确定，一般应不大于楼层高度的五倍。同时，建筑物顶部施工层外围的防护高度（架体顶部至楼顶施工层面的距离）应不小于 1.8 m。

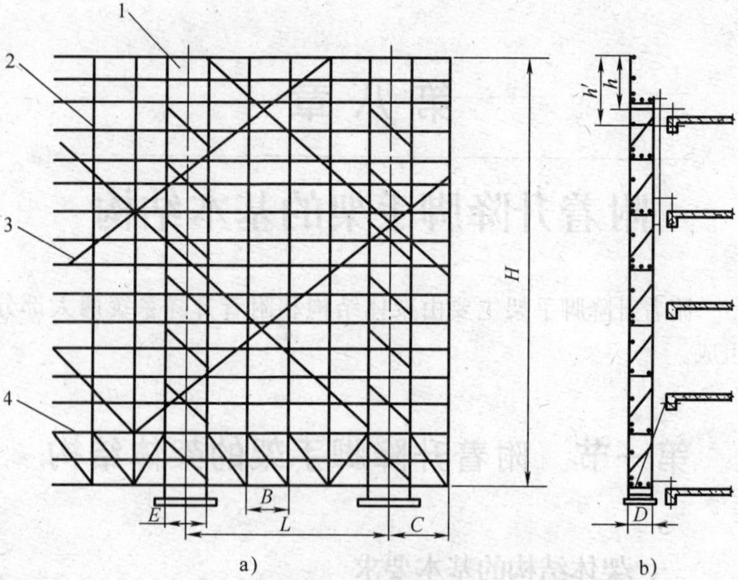

图 8—1　附着升降脚手架的架体结构

a）外立面　b）侧立面

1—竖向主框架　2—架体构架　3—剪刀撑　4—水平梁架

H—架体高度　L—水平支撑跨度　D—架体宽度　B—立杆纵距

E—竖向主框架宽度　h—开路工况架体悬臂高度

h'—使用工况架体悬臂高度　C—架体悬挑长度

(2) 架体结构为双排架，架体宽度 D 为 0.8～1.2 m，立杆纵距 B 为 1.5～1.8 m，横杆步距为 1.8～2.0 m。

(3) 直线布置的架体水平支撑跨度 L 应不大于 8 m；折线或曲线布置的架体水平支撑跨度应不大于 5.4 m。

(4) 整体附着升降脚手架架体的悬挑长度 C 应不大于水平支撑跨度 L 的 1/2 或 3 m；单片式附着升降脚手架架体的悬挑长度 C 应不大于水平支撑跨度 L 的 1/4。

(5) 升降和使用工况下，架体的悬臂高度 h 均应不大于 6.0 m 或架体高度 H 的 2/5。

(6) 架体高度 H 与水平支撑跨度 L 的乘积应不大于 110 m^2。

3. 剪刀撑的搭设要求

(1) 对于架体结构的外立面，必须沿架体全高搭设剪刀撑，且其跨度应不大于 6 m，水平夹角为 45°～60°，并将架体竖向主框架、架体水平梁架和架体构架连成一体，如图 8—1a 所示。

(2) 通常情况下，剪刀撑斜杆利用旋转扣件固定在与之相交的横向水平杆的伸出端或立杆上。

(3) 剪刀撑斜杆的接长方法应采用搭接，且搭接长度不小于 1 m，搭接处应采用三个旋转扣件扣紧。

4. 架体结构的局部加强要求

架体结构在以下部位应采取可靠的加强措施：

(1) 与附着支撑结构的连接处。

(2) 架体上升降机构的设置处。

(3) 架体上防倾覆、防坠落装置的设置处。

(4) 架体吊拉点的设置处。

(5) 架体因碰到塔式起重机、施工电梯、物料平台等设施而需要断开或开洞处。

(6) 架体的悬挑端及架体平面的转角处，其悬挑长度超过水平支撑跨度 L 的 1/4 时，应以竖向主框架为中心成对设置对称斜拉杆，其水平夹角应不小于 45°，如图 8—2 所示。

二、架体结构的主要组成

附着升降脚手架的架体结构由架体竖向主框架、架体水平梁架和架体构架三部分组成，如图 8—1 所示。

1. 架体竖向主框架

(1) 构造要求

在附着支撑结构处，沿架体全高设置了加强的定型框架结构。架体竖向主框架是附着升降脚手架架体结构的主要传力构件，又称为“架体主框架”“竖向主框架”或“主框架”。架体竖

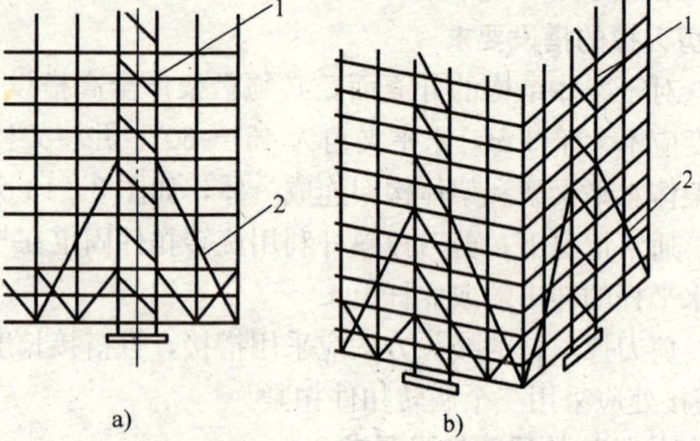

图 8—2　架体悬挑端、转角处的加固示意图

a）悬挑架体加固　b）转角架体加固

1—竖向主框架　2—对称斜拉杆

向主框架与架体水平梁架和架体构架连成一个整体，主要承受架体结构的竖向和水平荷载，并通过附着支撑结构将荷载传递到建筑物主体结构上。架体竖向主框架垂直于建筑物的外立面，一般采用焊接或采用螺栓、销连接，不得使用钢管、扣件或碗扣架等脚手架杆件进行组装。

（2）结构形式

架体竖向主框架一般均采用 ϕ48 mm×3.5 mm 的电焊钢管制作，主要考虑到与架体构架搭设时的连接问题。架体竖向主框架有片式框架结构、格构式框架结构和导轨组合式框架结构等多种结构形式。

1）片式框架结构是垂直于墙面的片状桁架结构，其构造形式分为分片组装型、整体结构型和专用框架型，如图 8—3 所示。

①分片组装型片式框架结构的宽度为架体宽度，高度一般有单步和双步两种，如图 8—3a 所示，片与片之间的接头形式有螺栓、销和法兰盘连接。分片组装型结构制作和运输较为方便，并可以按架体需要搭设的高度进行组合安装，但互换性要求较高。

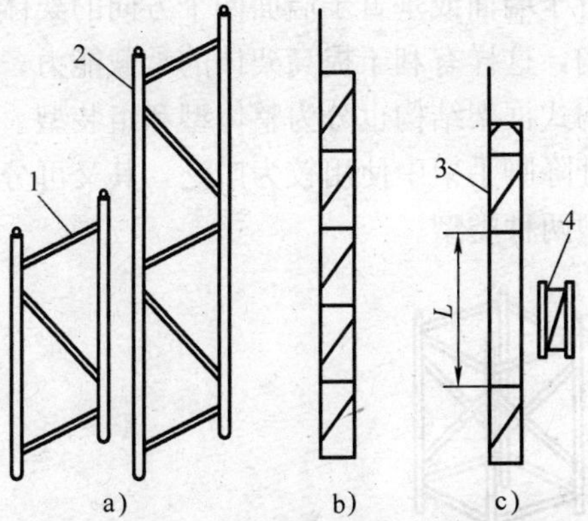

图 8—3　片式竖向主框架结构

a）分片组装型　b）整体结构型　c）专用框架型

1—单步片式框架结构　2—双步片式框架结构　3—主框架　4—套框架

由于单件质量较轻，安装时不需要塔机等辅助设备配合，装拆比整体结构型容易且安全。

②整体结构型片式框架结构的高度就是架体的高度，如图 8—3b 所示，搭设时一次安装到位，装拆快捷，无接头连接件，整体刚度较大；因其结构尺寸较大（长度均在 12 m 以上），运输困难，一般采取在现场制作，装拆需要塔机等起重设备的配合。

③专用框架型片式框架结构是整体结构型片式框架结构的一种形式，主要适用于套框式附着升降脚手架，如图 8—3c 所示。套框架的主杆一般采用 ϕ60 mm×3 mm 或 ϕ60 mm×4 mm 的无缝钢管，可套在主框架上滑行。主框架结构也可分段制作，组合安装。如图 8—3c 所示，套框架在主框架上的移动范围 L 内必须是无接头的整体结构，以便于套框架在其范围内相对移动，而且在该移动范围 L 内不能设置横杆或斜杆，因而这部分框架结构容易变形。可见，专用框架型片式框架结构的设计和制作要求较高。

2）格构式框架结构是一种空间桁架结构，如图 8—4 所示，其特点是平行于墙面或垂直于墙面两个方向的架体刚度都要高于片式框架结构，这样有利于提高架体的承载能力。和片式框架结构类似，格构式框架结构也分为整体型和组装型。组装型格构式框架在附着升降脚手架中使用较为广泛，其又可分为分段组装型和分片组装型两种类型。

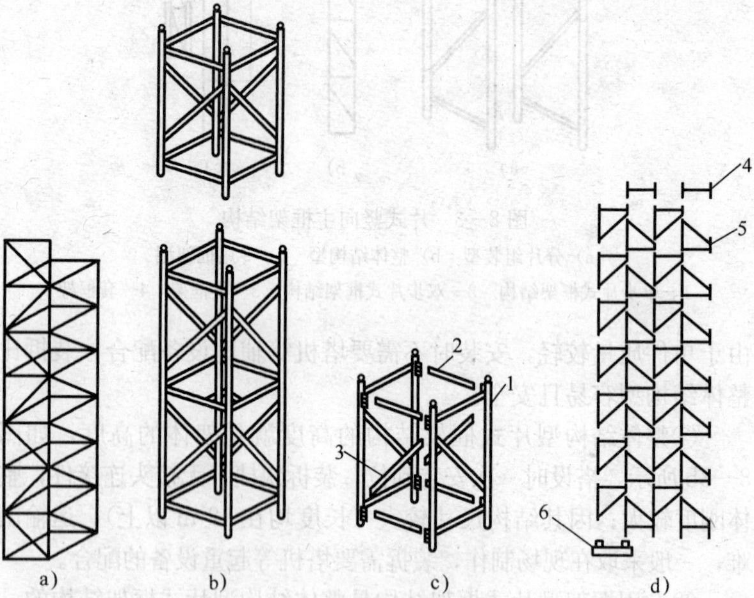

图 8—4　格构式竖向主框架结构

a）整体型　b）分段组装型　c）分片组装型　d）工具式框架结构展开图
1—立片　2—横向连接杆　3—斜向连接杆　4—顶架　5—三角桁架片　6—底架

①整体型格构式框架结构的刚度较大，能一次安装到位；但它的体积较大，制作、运输困难，使用范围较小，如图 8—4a 所示。

②分段组装型框架结构的高度一般为架体单步高（1.8～1.9 m）或双步高（3.6～3.8 m），如图 8—4b 所示，接头采用销或法兰盘与螺栓连接；它的刚度较大，制作、运输不易变形，

但堆放和运输占用空间较大，装拆需塔机配合。

③分片组装型框架结构是将垂直于墙面的两个平面桁架片，通过横向连接杆、斜向连接杆以及螺栓或销，连接成格构式空间桁架结构，如图 8—4c 所示；它的高度一般为两步高度，宽度是架体的宽度；它的桁架片和连接杆制作、运输较方便，装拆也不需要塔机的配合。

④工具式框架结构属于分片组装型框架结构，是将工具式脚手架推广应用于附着升降脚手架竖向主框架的一种新型结构，它采用片式三角形桁架结构组装而成，如图 8—4d 所示。三角桁架片的主肢杆和横杆均采用 ϕ48 mm×3.5 mm 脚手架钢管，斜杆采用 ϕ32 mm×2 mm 电焊钢管，焊接后连接强度高、结构合理，无任何多余的杆件。三角桁架片两边的长、短杆总长为一步架体高度，将相同的三角桁架片正、反交叉安装，就形成了格构式框架结构。三角桁架片制作简单，可大量标准化生产，互换性好；三角桁架片接头处焊有套管，通过销连接，单件质量轻，装拆简便且安全，不需要塔机的配合。

3）导轨组合式框架结构主要用于导轨式附着升降脚手架。其结构形式主要有单肢柱导轨组合框架、双肢柱导轨组合框架和 T 形导轨组合框架三种，如图 8—5 所示。各种形式的适用范围，主要根据导轨式附着升降脚手架的附着形式和防倾斜导轨支座的结构形式来确定。上述三种框架结构中的导轨均固定于架体竖向主框架结构之上，成为主框架的边肢杆件。导轨组合式框架结构也有片式框架结构和格构式框架结构两种，使用较多的为分片组装型片式框架结构。

2. 架体水平梁架

（1）构造要求

架体水平梁架又称“架底桁架”“架底框架”“支撑框架”或“水平桁架”，是位于架体竖向主框架之间，用于构造附着升降脚手架架体的定型梁式桁架结构。架体水平梁架主要承受架体的自

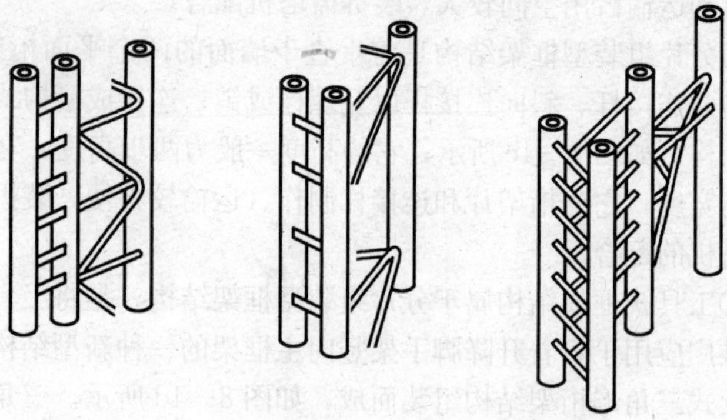

图 8—5　导轨组合式竖向主框架的结构

a）单肢柱导轨组合框架　b）双肢柱导轨组合框架

c）T 形导轨组合框架

重和施工荷载，并将上述竖向荷载传递至架体竖向主框架和附着支撑结构。架体水平梁架应采用焊接或螺栓、销连接的形式，并能与其余架体连成一体。架体水平梁架不允许用钢管、扣件搭设。

（2）结构形式

架体水平梁架按其构造形式分为片式水平梁架结构、格构式水平梁架结构和组合式水平梁架结构；按其设置位置分为下置式架体水平梁架和上置式架体水平梁架。

1）片式水平梁架结构有单跨和多跨两种，其结构形式如图 8—6 所示。图中的跨度 B 是架体构架中的立杆纵距，一般为 1.5～1.8 m；h 是水平梁架的步高，一般为 1.8～1.9 m；上下弦杆采用各种型钢或脚手架钢管焊接而成，里外两榀片式桁架通过横向连杆连接成格构式框架。各片之间的连接以及与架体竖向主框架的连接采用法兰盘或销、螺栓连接。桁架立杆的上端焊有连接管，与架体构架相连接。片式水平梁架结构的长度一般有多种规格，有的在片与片之间采用可调节的纵向连接杆，这样就可以组装成不同的架体支撑跨度，以满足不同建筑结构施工的需要。片式水平梁架结构制作、运输和存放较为方便，安装时不需要起重设备的配合。

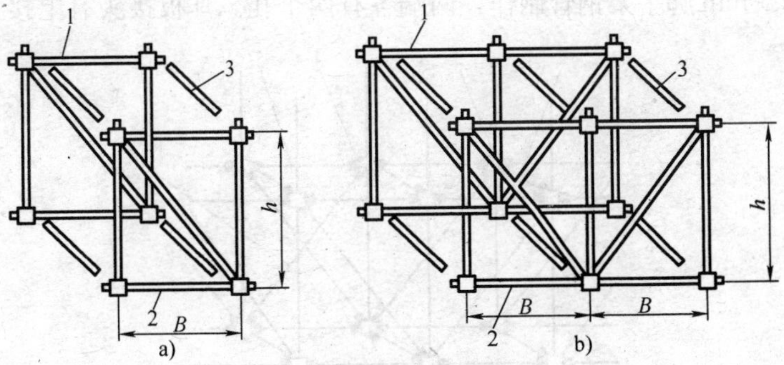

图 8—6 片式水平梁架结构

a）单跨 b）多跨

1—上弦杆 2—下弦杆 3—横向连杆

2）格构式水平梁架结构也有单跨和多跨两种，其结构形式如图 8—7 所示，各段连接接头一般仍采用法兰盘或销、螺栓连接。格构式水平梁架结构的整体刚度较大，运输、存放不易变形，但制作难度较大，单件较重，装拆时需要起重设备的配合。

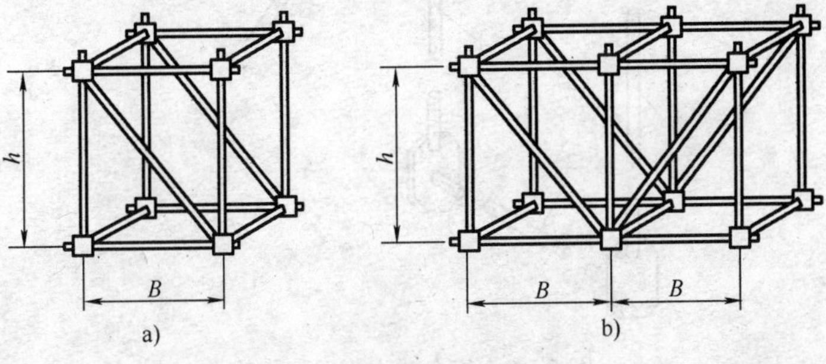

图 8—7 格构式水平梁架结构

a）单跨 b）多跨

3）组合式水平梁架结构由立杆、纵向水平杆、横向水平杆、斜杆、耳板接头、连接套管及连接件等零部件组成，如图 8—8 所示。立杆、纵向水平杆、横向水平杆和斜杆均采用 ϕ48 mm×3.5 mm 脚手架钢管制作，两端各有两个孔。耳板接头有上接头

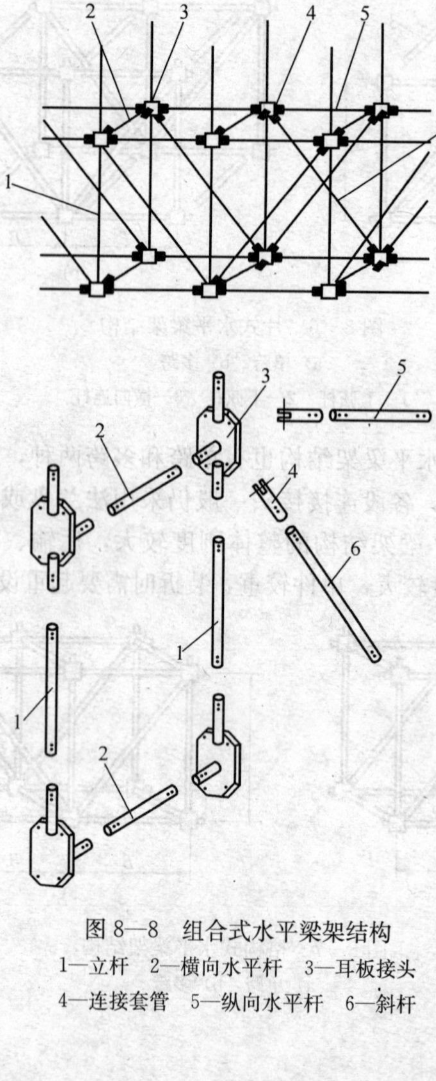

图 8—8　组合式水平梁架结构

1—立杆　2—横向水平杆　3—耳板接头

4—连接套管　5—纵向水平杆　6—斜杆

和下接头两种，均由钢板与连接管拼焊而成。耳板接头的左右方向上有孔，用螺栓通过连接套管与纵向水平杆及斜杆连接。连接套管分横套管和斜套管两种，均采用 ϕ60 mm×5 mm 无缝钢管制作，一端开有长槽和孔，长槽卡入耳板接头后可绕连接螺栓旋转一个角度，当立杆纵距变化时，斜杆的安装角度可作相应调整；另一端有四个连接孔（纵向水平杆和斜杆安装只需要两个连接孔），纵向水平杆和斜杆在连接套管内每移动一个孔，立杆纵距就增加或减少一段距离。通过不同孔位的安装，可以组成五种立杆纵距（1.30 m、1.35 m、1.40 m、1.45 m、1.50 m），再通过各种不同立杆纵距的排列组合，可形成多种架体支撑跨度。

组合式水平梁架结构采用统一的连接套管和杆件，通过简单的组合，就可形成几十种架体支撑跨度，可以满足建筑物不同结构外形的施工需要。

组合式水平梁架结构由多个散件拼装而成，单件质量轻，装拆时不需要起重设备的配合，装拆简便，操作人员劳动强度低，施工安全性高。组合式水平梁架结构的零部件结构简单、体积小，便于制作、运输和存放，是一种性能比较优越的架体水平梁架结构。

4）下置式架体水平梁架位于架体结构的底部，其安装顺序是先安装架体水平梁架，随着建筑物的施工逐步向上安装架体竖向主框架和架体构架。上述片式水平梁架结构、格构式水平梁架结构和组合式水平梁架结构都属于下置式架体水平梁架。其特点是：整个架体从下往上逐层安装，架体构架支撑于架体水平梁架之上。

5）上置式架体水平梁架置于架体结构的上部，架体构架悬挂于架体水平梁架之下，如图 8—9 所示，所有立杆均为受拉杆件，材料强度利用充分，架体自重较下置式架体水平梁架轻约 50%。上置式架体水平梁架一般采用格构式框架结构，架体安装顺序与下置式架体水平梁架相反，首先要安装好架体竖向主框架和架体水平梁架，然后再从上往下安装架体构架。上置式架体水平梁架的制作和安装要求较高，安装时必须依靠起重设备吊装，架体的安装顺序与建筑施工工艺虽不协调，但可实现全工具化结构。

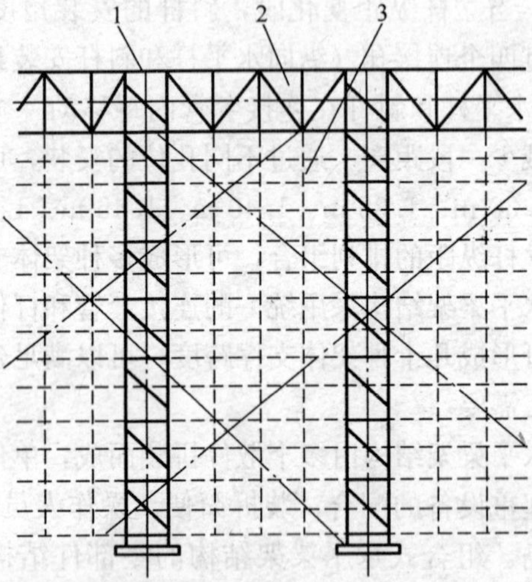

图 8—9　上置式架体水平梁架结构示意图

1—架体竖向主框架　2—架体水平梁架　3—架体构架

3. 架体构架

(1) 构造要求

架体构架又称为“架体板”或“架体”，是附着升降脚手架的主体结构。架体构架是位于架体竖向主框架和架体水平梁架之间，并与两部分可靠连接的空间桁架结构，可将所承受的施工荷载和风荷载通过架体水平梁架、架体竖向主框架以及附着支撑传递至建筑物主体结构。架体构架的作用主要是为建筑施工人员提供操作平台与安全防护。架体构架的搭设要求与普通外脚手架相同。

(2) 结构形式

架体构架的结构尺寸在本节前述的架体结构的几何尺寸中已

有详细介绍。按照架体构架所用材料分类，主要有扣件式钢管架体构架、碗扣式钢管架体构架和吊拉式架体构架。

1）扣件式钢管架体构架采用扣件式钢管脚手架的材料，在架体水平梁架上，逐层搭设而成，其材料要求及搭设方法均与扣件式钢管脚手架相同。

2）碗扣式钢管架体构架采用碗扣式钢管脚手架的材料，在架体水平梁架与架体竖向主框架之间逐层搭设而成，其材料要求及搭设方法与碗扣式钢管脚手架相同。

3）吊拉式架体构架是与上置式架体水平梁架配套的架体构架，如图 8—9 所示。与上述两种架体构架不同，吊拉式架体构架的立杆一般采用 ϕ16～20 mm 的圆钢，接头采用带螺纹的套管连接，架体构架较轻。有的吊拉式架体构架上的各种部件（包括脚手板、翻板等），都是在工厂预制的成品，在施工现场可直接安装使用。

第二节　附着升降系统的组成

附着升降系统主要由附着支撑结构、升降机构、安全保护装置和电气控制系统组成。

一、附着支撑结构

1. 附着支撑结构的基本要求

（1）使架体附着于建筑物结构之上

附着升降脚手架在升降工况或在固定使用工况下，均悬挂在建筑物外围，附着支撑结构的作用是使架体在任何工况下都能可靠地附着于建筑物结构之上，并将架体的自重荷载和施工荷载直接传至建筑结构。附着支撑结构与架体竖向主框架连接，也是防倾覆装置、防坠落装置等安全保护装置和升降机构的安装之处。

因此，附着支撑结构是附着升降脚手架中最重要的组成部分。

(2) 满足升降和固定使用的需要

附着升降脚手架是一种移动式脚手架，它既能在固定状态下给建筑结构施工提供作业平台和安全围护，又能随着建筑结构的施工上下移动（升降）。因此，各种类型的附着升降脚手架均有两套附着支撑结构，一套在架体固定状态下使用，另一套在架体提升状态下使用，两套附着支撑结构均能独立承受架体的荷载。利用两套附着支撑结构交替固定、轮流承载，并使用升降机构实现附着升降脚手架固定使用和升降两种工况的需要。

(3) 调整功能

附着支撑结构应能适应各种不同的建筑主体结构类型，并具有对允许范围内施工误差的调整功能，以避免架体结构与附着支撑结构出现过大的安装应力和变形。

2. 附着支撑结构的分类及形式

附着支撑结构的形式有多种，如导轨式、导座式、吊拉式、吊轨式、挑轨式、套框式、吊套式、套轨式等，其中主要结构形式为导轨式、吊拉式和套框式三种，其他形式是由上述三种基本结构形式扩展与组合而成的。

(1) 导轨式附着支撑结构

导轨式附着支撑结构由导轨、导轨固定装置及导轮等组成。导轨是导向承力构件，一般用槽钢或工字钢制成。有的导轨上面每隔 100 mm 冲有一孔，并标有数字，用来确定脚手架在导轨上的位置。

导轨沿竖向固定在建筑物结构或架体上，可沿竖向接长。导轨通过导轨固定装置与建筑物主体结构相连，导轨固定装置包括连墙支杆座、连墙支杆、连墙挂板及穿墙螺栓，如图 8—10 所示。连墙支杆是固定导轨的主要构件，通过调整其长度，可调整导轨安装的垂直度，以及架体与建筑物的间距，如图 8—11 所示。连墙挂板是固定连墙支杆的构件，利用穿墙螺栓固定在建筑物结构上。当架体处于固定使用工况时，架体竖向主框架通过限位销固定在导轨上，架体承受的荷载通过限位销传递到导轨上，再由连墙支杆和连墙挂板传递到建筑物结构上。架体处于升降工况时，附着支撑结构增加一套提升挂座，提升挂座固定在导轨上，其上安装升降机构；架体的荷载通过提升挂座，仍然由导轨、连墙支杆和连墙挂板传递到建筑物结构上。导轮在架体升降工况中起防倾覆作用。

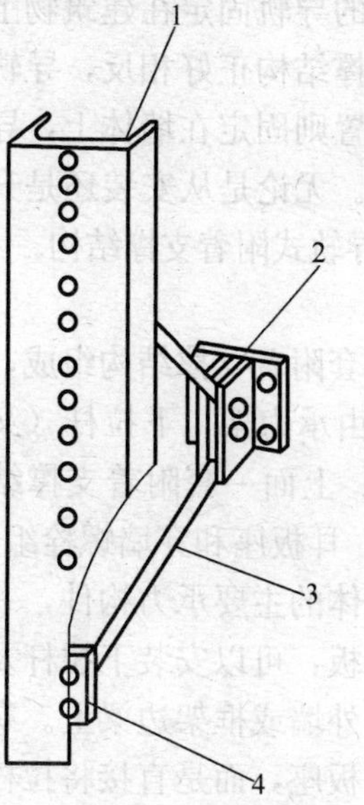

图 8—10　导轨式附着支撑结构

1—导轨　2—连墙挂板

3—连墙支杆　4—连墙支杆座

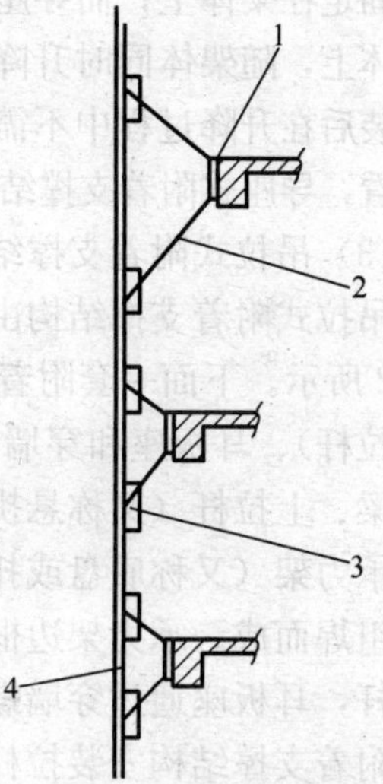

图 8—11　导轨结构安装图

1—连墙挂板　2—连墙支杆

3—连墙支杆座　4—导轨

(2) 导座式附着支撑结构

导座式附着支撑结构由导轨、连墙件、导向座、吊挂件和固定销等结构件组成。导轨和架体固定连接在一起，连墙件将导向座固定在建筑物结构上，吊挂件通过连墙件独立固定在建筑物结构上，提升设备钩挂在吊挂件上。在架体使用工况下，固定销将导轨（即架体）固定在导向座上，架体的荷载通过导轨、固定销和导向座传递到建筑物结构上。在升降工况下，架体的重力由吊挂件传递到建筑物结构上。

从以上分析可以看出，导座式附着支撑结构与导轨式附着支撑结构的形式相似，都是通过导轨与导向装置（即导向座或导轮）将架体与建筑物结构相连。两者的区别主要是导轨和导向装置固定的位置不同，导轨式附着支撑结构的导轨固定在建筑物上，导轮组固定在架体上；而导座式附着支撑结构正好相反，导轨固定在架体上，随架体同时升降，导向装置则固定在墙体上，导轨首次安装后在升降过程中不需要再拆装。无论是从安装还是升降工况来看，导座式附着支撑结构均优于导轨式附着支撑结构。

（3）吊拉式附着支撑结构

吊拉式附着支撑结构由上、下两套附着支撑结构组成，如图8—12所示。下面一套附着支撑结构由承力架、下拉杆（又称承力架拉杆）、耳板座和穿墙螺栓组成；上面一套附着支撑结构由悬挑梁、上拉杆（又称悬挑梁拉杆）、耳板座和穿墙螺栓组成。

承力架（又称底盘或托盘）是架体的主要承力构件，一般用型钢组焊而成。承力架边框上焊有耳板，可以安装下拉杆及承力架吊杆，耳板座通过穿墙螺栓固定在外墙或框架边梁上。有的吊拉式附着支撑结构安装拉杆不采用耳板座，而是直接将拉杆通过穿墙螺栓固定在墙体上。当楼层的高度改变时，如果不及时将拉杆耳板弯曲的角度作相应调整，就会使耳板与墙面不贴合，此时可能出现两种情况：一种是在拉杆受力的情况下，因耳板弯曲处刚度较大，穿墙螺栓的螺母拧不紧，导致穿墙螺栓的受力与设计荷载不符；另一种是在耳板不受力的情况下螺母能拧紧，耳板面贴墙，但是拉杆的轴线与实际轴线不重合，拉杆和穿墙螺栓产生较大的变形和安装应力。上述两种情况都是不允许的，实际使用中，耳板弯曲的角度不可能随时进行调整。采用耳板座安装拉杆，可使拉杆与外墙面的夹角随着建筑物层高的变化或架体与墙体距离的变化而自行调整，避免因几何尺寸的变化或施工误差产生的安装应力和变形，保持拉杆始终处于最佳受力状态，如图8—13所示。

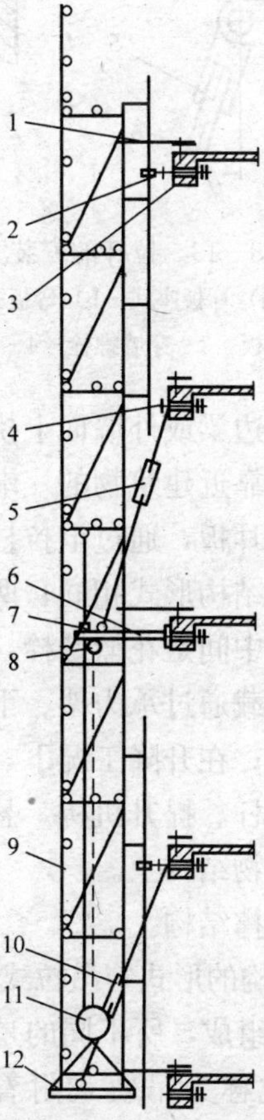

图8—12　吊拉式附着支撑结构

1—附墙拉结杆　2—防倾覆装置　3—穿墙螺栓　4—耳板座
5—上拉杆　6—悬挑梁　7—防坠落装置　8—电动葫芦
9—架体　10—下拉杆　11—荷载传感器　12—承力架

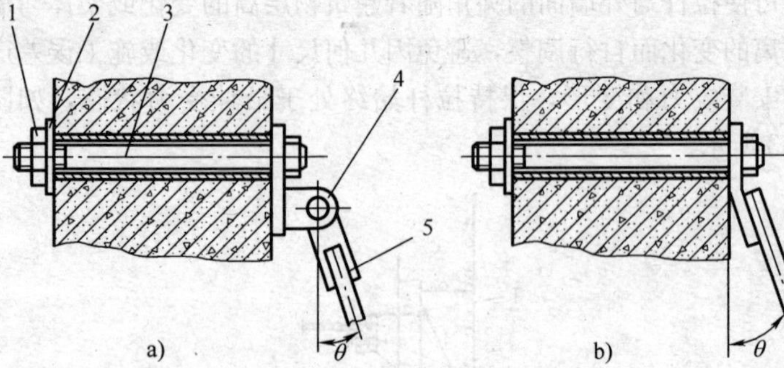

图 8—13　拉杆的安装方式

a）耳板座式　b）弯板式

1—螺母　2—垫板　3—穿墙螺栓　4—耳板座　5—拉杆

悬挑梁是从建筑物边梁或外墙面上挑伸出来的承力构件，由型钢制作而成。悬挑梁靠近建筑物的一端用穿墙螺栓固定在外墙或边梁上；另一端焊有耳板，通过上拉杆、耳板座及穿墙螺栓与外墙连接。上下拉杆的结构形式相同，两端为耳板和拉杆，并加工有左（右）旋螺纹，中间是花篮螺栓，可调节拉杆长度。在固定使用工况下，架体荷载通过承力架、下拉杆、耳板座及穿墙螺栓传递到建筑物结构上；在升降工况下，下拉杆拆除，架体的荷载由承力架、承力架吊杆、提升机构、悬挑梁、上拉杆、耳板座及穿墙螺栓传递到建筑物结构上。

（4）吊轨式附着支撑结构

吊轨式附着支撑结构的形式与吊拉式附着支撑结构基本相同，仍由上下两套吊拉装置组成，所不同的是其防倾覆装置的导轨安装在吊拉装置上，因此称为吊轨式附着支撑结构，如图 8—14 所示。

（5）挑轨式附着支撑结构

挑轨式附着支撑结构由上下两套附着悬挑梁（主悬挑梁、副悬挑梁）和导轨组成，如图 8—15 所示。主副悬挑梁是从建筑物楼面挑伸出来的承力构件，由型钢制作而成，分别安装在不同的楼面，导轨固定在两道悬挑梁之上，架体通过固定装置与导轨连接。附着升降脚手架在固定使用工况下，架体荷载通过固定装置和导轨以及副悬挑梁传递至建筑物结构上；架体在升降工况下，副悬挑梁只固定导轨，不承受架体的荷载，架体的荷载通过升降机构由主悬挑梁直接传递至建筑物结构上。挑轨式附着支撑结构与吊拉式附着支撑结构相比，整体结构相对简单，但因主副悬挑梁是悬挑结构，其结构强度和安装要求较高。

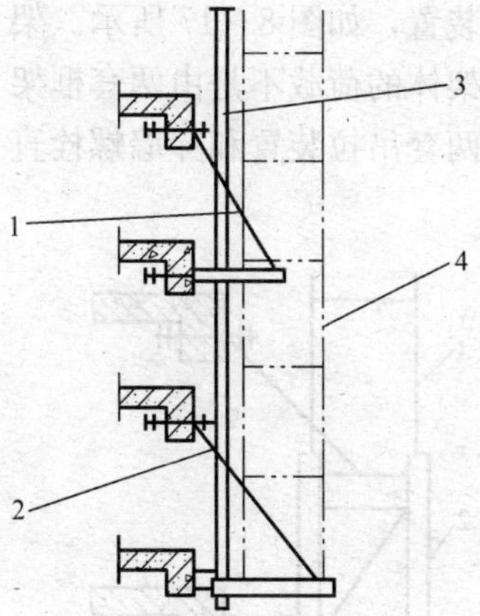

图 8—14　吊轨式附着支撑结构

1—上吊拉装置　2—下吊拉装置

3—导轨　4—架体

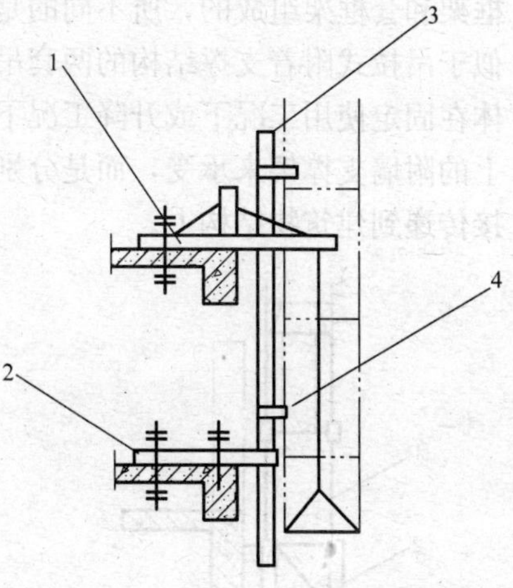

图 8—15　挑轨式附着支撑结构

1—主悬挑梁　2—副悬挑梁

3—导轨　4—固定装置

（6）套框式附着支撑结构

套框式附着支撑结构由两套焊接的钢结构桁架——主框架和套框架组成，如图 8—16 所示。主框架一般用 ϕ48 mm×3.5 mm 脚手架钢管焊接而成，包括两根竖向导杆和若干根横向连杆。套框架用 ϕ60 mm×5 mm 无缝钢管作为立管，套入主框架的竖向导杆，用 ϕ48 mm×3.5 mm 钢管作为横杆和斜杆。套框架和主框架均备有两个附墙支撑架。架体在固定使用工况下，主框架和套框架均固定在建筑物结构上，架体上的荷载通过主框架上的附墙支撑架及穿墙螺栓传递到建筑物结构上；架体在升降工况下，主框架上下移动，套框架固定在建筑物结构上，架体上的荷载由升降机构通过套框架上的附墙支撑架及穿墙螺栓传递到建筑物结构上。

(7) 吊套式附着支撑结构

与套框式附着支撑结构类似，吊套式附着支撑结构也是由主框架和套框架组成的，所不同的是在两套框架上，分别增加了类似于吊拉式附着支撑结构的两套吊拉装置，如图 8—17 所示。架体在固定使用工况下或升降工况下，架体的荷载不是由两套框架上的附墙支撑架来承受，而是分别由两套吊拉装置和穿墙螺栓直接传递到建筑物结构上。

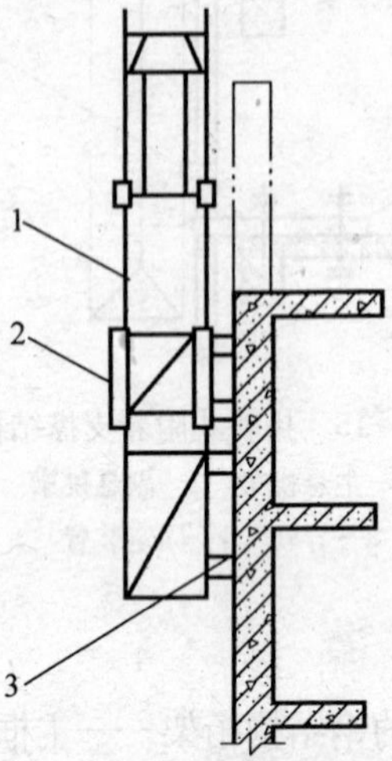

图 8—16　套框式附着支撑结构

1—主框架　2—套框架

3—附墙支撑架

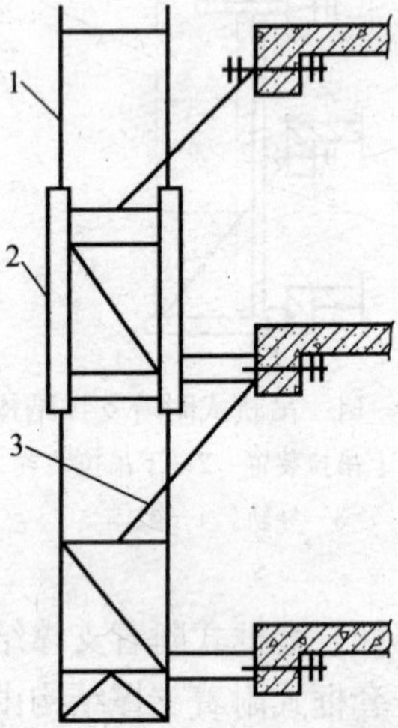

图 8—17　吊套式附着支撑结构

1—主框架　2—套框架

3—吊拉装置

(8) 套轨式附着支撑结构

套轨式附着支撑结构由导轨架体、固定支座和套轨支座以及穿墙螺栓和提升装置组成，如图 8—18 所示。套轨式附着支撑结构实际上是导座式附着支撑和套框式附着支撑两种结构的组合。

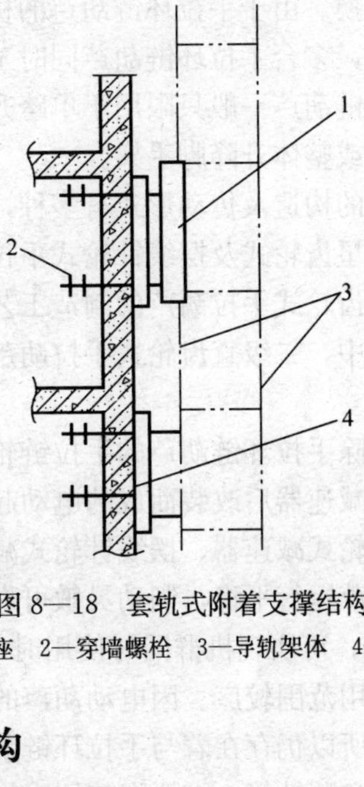

图 8—18 套轨式附着支撑结构

1—套轨支座 2—穿墙螺栓 3—导轨架体 4—固定支座

二、升降机构

1. 升降机构的基本要求

(1) 升降机构应满足附着升降脚手架使用工作性能的要求。

(2) 架体上升降吊点（或机位）超过两点时，不得使用手拉葫芦。

2. 升降机构的分类及形式

升降机构主要有手拉环链葫芦、电动葫芦、电动卷扬机和液压提升设备四种形式。

(1) 手拉环链葫芦

手拉环链葫芦是一种以焊接环链为挠性承重件的手动起重机具，因其易于操作、使用方便、价格便宜，在起重行业沿用多年。工程中一般采用5～10 t手拉环链葫芦作为附着升降脚手架升降机构。因手拉环链葫芦采用人工操作，当其出现故障时可及时发现、排除或更换。由于手拉环链葫芦的机械性能较差，人工操作因素影响较大，多台手拉环链葫芦同时工作时难以保持其同步性，因此手拉环链葫芦一般只限用于单跨升降脚手架的升降施工，不适用于多跨或整体升降脚手架。

手拉环链葫芦的构造及传动形式有多种，目前使用较多的有二级直齿轮式、行星齿轮式及摆线针轮式手拉葫芦。在相同速比的情况下，二级直齿轮式手拉葫芦的制造工艺比后两种简单，因此在手拉环链葫芦中，二级直齿轮式手拉葫芦使用较多。

（2）电动葫芦

电动葫芦是拆除手拉环链葫芦的手拉链轮和手拉链条等零部件，增加电动机和减速器后改装而成的电动起重机具。改装减速器一般采用行星齿轮式减速器、摆线针轮式减速器或采用变速轴承减速器。电动葫芦运行平稳，制动灵敏可靠，升降速度一般为0.08～0.15 m/min，可实现机群同时使用时的电控操作，安装、使用操作方便，使用范围较广。因电动葫芦的改装设计仍以手拉环链葫芦为基础，所以仍存在着与手拉环链葫芦相同的问题，如铰链、翻链、断链和断轴等，需要在使用中加强检查和维修。

（3）电动卷扬机

电动卷扬机的特点是采用钢丝绳提升，结构简单，架体每次升降的高度较大，升降速度也较快。电动卷扬机一般采用直齿轮或斜齿轮传动减速器，因其体积和质量较大，安装位置不易布置，在附着升降脚手架中应用较少。

有的升降机构采用电动葫芦式卷扬机，卷扬机安装在吊拉式附着升降脚手架的悬挑梁架上（又称为上置式卷扬机）。该升降机构由上拉杆、电动葫芦式卷扬机、悬挑梁架、滑轮组组成。悬挑梁架由型钢焊接而成，电动葫芦式卷扬机的功率为 0.5～0.75 kW，滑轮组由四套定滑轮和动滑轮组成，升降速度为 0.05～0.75 m/min。上置式卷扬机在架体升降后，悬挑梁架移位安装难度大，安装不方便。

有的升降机构采用将高速比的行星齿轮式减速器放入卷筒内的钢丝绳卷扬机，并将卷扬机安装在吊拉式附着升降脚手架竖向主框架的底部（故称下置式卷扬机）。卷扬机随架体一起升降，移动悬挑梁时，只需要放松或收紧钢丝绳即可。这种电动卷扬机解决了齿轮传动卷扬机体积较大、笨重和上置式卷扬机安装、操作不方便等问题，卷扬机一次性安装后随架体升降，避免了每次提升后反复安装，提高了工作效率，降低了操作工人的劳动强度。

(4) 液压提升设备

液压提升设备的特点是架体升降相对平稳，安全可靠，整体升降同步性能较好，但受到液压油缸行程的限制，架体无法连续升降，每层升降的时间较长，而且液压提升设备比较复杂，安装精度和维护技术水平要求高，一次性投资及维修成本较高。

液压提升设备有两种形式，一种用于吊拉式附着升降脚手架，由动力系统和提升机构两部分组成。动力系统有液压控制台、各种管路和阀门；提升机构使用的是穿心式液压千斤顶和节状支撑杆，穿心式液压千斤顶安装在架体底部每个机位处的承力架（底盘）上，节状支撑杆的上部固定在悬挑梁上，下部穿过液压千斤顶，如图 8—19 所示。起动穿心式液压千斤顶，可使架体沿节状支撑杆逐节上升（下降），实现分段或整体提升。液压控制台是升降脚手架的动力源和控制中心，由电动机、齿轮泵、换向阀、单向阀、溢流阀、节流阀和针形阀等液压元件及压力表组成，其液压原理如图 8—20 所示。穿心式液压千斤顶由上、下楔块卡体，上、下松卡机构及作用油缸组成，如图 8—21 所示。主活塞 7 与上楔块卡体 8 连接，油缸 3 与底座 4 及下楔块卡体 2 连

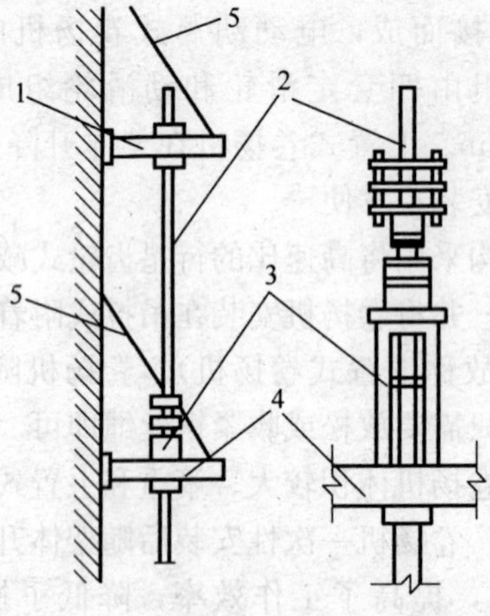

图 8—19　穿心式液压千斤顶安装图

1—悬挑梁　2—节状支撑杆　3—穿心式液压千斤顶

4—底盘　5—上、下拉杆

接，荷载通过底座作用在千斤顶上。当架体提升时，旋紧限位螺钉 5，将插销 10 推入到位，使上、下松卡机构不动作。接通 A、B 油口油路，A 口进油，B 口回油，主活塞 7 收缩，上楔块卡体 8 卡紧节状支撑杆 1，架体随底座上升一个行程。液压控制台通过换向阀控制油路换向，A 口回油，B 口进油，下楔块卡体 2 卡紧节状支撑杆，主活塞外伸复位。液压控制台控制油路再换向，A 口进油，B 口回油，架体随底座再上升一个行程。如此连续操作油路换向，架体随底座行程逐渐平稳上升。由于节状支撑杆节距相同，所以多台千斤顶同时上升或下降的每个行程都相同，架体升降的同步性较好。

另一种形式的液压提升设备主要用于导轨式附着升降脚手架，仍由动力系统和提升机构两部分组成。液压动力系统与前一种提升设备相同，由液压控制台、各种管路和阀门组成；提升机构参考塔式起重机液压顶升装置，采用的是可移装的液压千斤顶，主要由液压油缸和活塞杆组成。油缸行程为 450 mm，顶升速度为 0.2 m/min。架体顶升时，液压油缸通过提升导向架用锁销与固定的导轨连接，由伸出的油缸顶升架体，每顶升一个行程后，用限位锁将架体固定在导轨上，拆除锁销，使油缸恢复原位，然后开始下一个顶升行程。

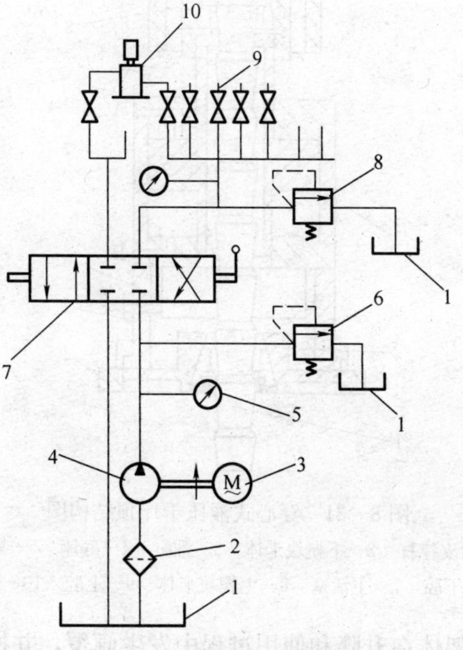

图 8—20　液压原理图

1—储油箱　2—滤清器　3—电动机　4—齿轮泵　5—压力表
6—溢流阀　7—换向阀　8—节流阀　9—针形阀　10—千斤顶

三、安全保护装置

附着升降脚手架应具有安全可靠的防倾覆装置、防坠落装置和架体同步升降及荷载监控系统等安全保护装置。

1. 防倾覆装置

防倾覆装置是附着升降脚手架必不可少的安全保护装置，其

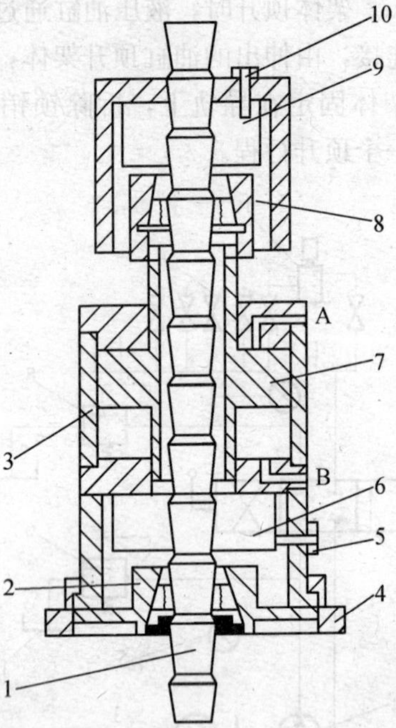

图 8—21　穿心式液压千斤顶结构图

1—节状支撑杆　2—下楔块卡体　3—油缸　4—底座　5—限位螺钉
6—下腔　7—主活塞　8—上楔块卡体　9—上腔　10—插销

作用是防止架体在升降和使用过程中发生倾覆，并控制架体与建筑物外墙面之间的距离保持不变。

（1）防倾覆装置的工作原理

移动的升降脚手架受到若干个固定点的水平约束，使架体只能沿着固定点上下运动，而且架体的水平荷载由这些固定点传递到建筑结构上。这些固定点及沿固定点运动的部件，形成了附着升降脚手架的防倾覆装置。

（2）产生架体倾覆力的主要原因

1）架体在升降和使用过程中处于高空悬空状态，由风荷载产生的水平力是架体倾覆的重要因素。

2）架体上施工荷载不均匀且位置在不断变化，造成架体重心向里或向外偏移，使架体产生向里或向外倾覆的趋势。

3）提升工况下，提升吊点的位置与架体重心不重合，产生偏心力矩；架体重心在提升吊点之上，升降过程中架体处于不稳定状态。

4）架体机位平面布置不当，可造成整个架体重心偏移，如多个机位连成整片后，整个架体的重心位置取决于建筑物外形变化以及提升吊点的位置。如图 8—22a、c 所示的折线或曲线布置的架体重心向外偏移，易造成该段架体向外倾覆；如图 8—22b 所示的架体重心向内偏移，易造成该段架体向里倾覆。

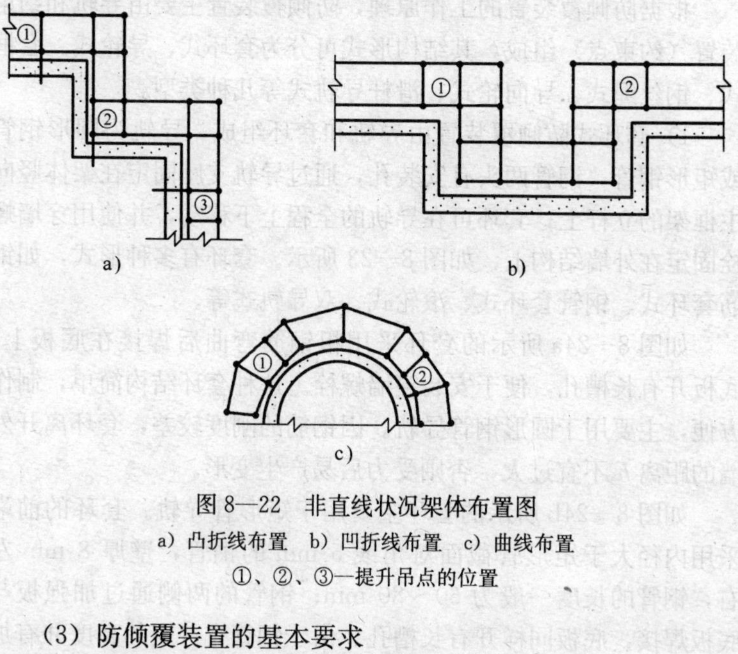

图 8—22　非直线状况架体布置图

a）凸折线布置　b）凹折线布置　c）曲线布置

①、②、③—提升吊点的位置

（3）防倾覆装置的基本要求

1）在升降和使用工况下，防倾覆装置均能形成可靠的水平约束。

2）防倾覆装置必须与架体竖向主框架、附着支撑结构或建筑工程结构可靠连接。

3）防倾覆装置应采用螺栓与竖向主框架或附着支撑结构连接，不得采用钢管扣件或碗扣方式连接。

4）在升降和使用工况下，位于同一竖向平面的防倾覆装置不得少于两处；并且，其最上和最下一个防倾覆支撑点之间的最小距离，不得小于架体全高的1/3。

5）防倾覆装置的导向间隙应小于5 mm。

6）在升降过程中，应能保持架体垂直上下运动，且不能发生碰擦其他结构件的现象。

（4）防倾覆装置的分类

根据防倾覆装置的工作原理，防倾覆装置主要由导轨和约束装置（约束点）组成，其结构形式可分为套环式、导轮式、套框式、钢丝绳式、导向轮式、滑杆导轨式等几种类型。

1）套环式防倾覆装置由导轨和套环组成，导轨为圆形钢管或矩形钢管，钢管两头有安装孔，通过导轨支座固定在架体竖向主框架的立杆上；套环可在导轨的全程上下移动，并使用穿墙螺栓固定在外墙结构上，如图8—23所示。套环有多种形式，如钢筋套环式、钢管套环式、滚轮式、双导轨式等。

如图8—24a所示的套环采用粗钢筋弯曲后焊接在底板上，底板开有长槽孔，便于安装穿墙螺栓。这种套环结构简单，制作方便，主要用于圆形钢管导轨。因钢筋的刚度较差，套环离开外墙的距离h不宜过大，否则受力后易产生变形。

如图8—24b所示的套环主要用于矩形管导轨。套环的前端采用内径大于矩形管截面对角线5 mm的钢管，壁厚8 mm左右，钢管的长度一般为60～80 mm；钢管的两侧通过加强板与底板焊接，底板同样开有长槽孔。由于钢管有一定的高度并有加强板，因此钢管式套环的刚度比钢筋式要大，但在与导轨的相对运动过程中摩擦阻力较大。

如图8—24c所示的套环采用双滚轮从两边夹住导轨，导轨

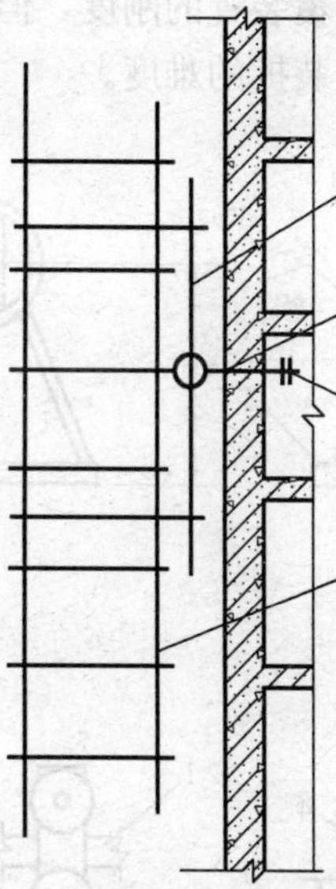

图 8—23　套环式防倾覆装置安装简图

1—导轨　2—套环　3—穿墙螺栓　4—架体

为圆形钢管。这种结构中滚轮与导轨的摩擦阻力要小于上述两种套环形式，而且滚轮可以装拆，安装方便，但滚轮结构的加工制作以及使用中的保养、维修比前两种形式的要求都高。

上述三种防倾覆装置均存在导轨刚度差、受约束点的水平力后变形较大的问题。由于套环包绕在导轨的周围上下运动，在两者相对运动的范围内，不允许导轨表面有阻碍运动的障碍物，因此导轨无法增加水平支撑点。套环与导轨相对运动的范围是一层楼层高度，一般为 3 m 左右，有时高达 5 m 以上。在这种情况下，导轨两端支撑点的距离要达到 6 m，中间又无法增加支撑点，导致导轨刚度降低，升降过程中架体垂直度偏移量大，同时也加大了支撑点的水平分力。

如图 8—24d 所示的套环采用的是三个滚轮夹住两个导轨的

形式，双导轨增加了防倾覆装置的刚度，但结构的体积和质量也随之增加，同时也加大了装拆的难度。

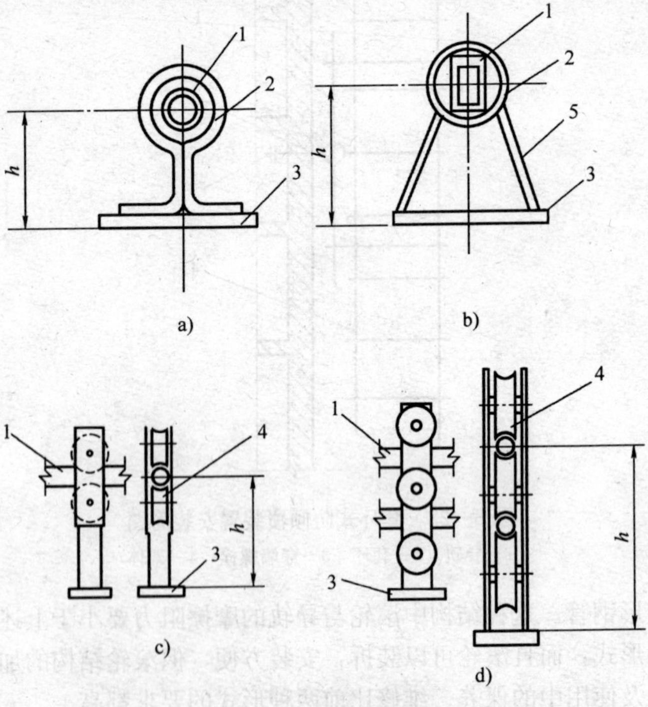

图 8—24 套环结构形式

a）钢筋套环式 b）钢管套环式 c）滚轮式 d）双导轨式

1—导轨 2—套环 3—底板 4—滚轮 5—加强板

2）导轮式防倾覆装置由导轮、导轮支架及导轨组成，导轨和导轮有多种形式。

如图 8—25a 所示的导轮支架使用穿墙螺栓固定在建筑物外围梁或剪力墙上，导轮用螺栓与导轮支架连接，二者可在一定的范围内前后、左右移动，以调节导轨与外墙之间的距离，且可消除因穿墙螺栓预埋孔位置不准而产生的安装应力。导轨由工字钢制成，用多道U形螺栓固定在架体竖向主框架的立柱上。架体升降时，导轮固定不动，导轨随架体一起运动，导轮嵌入工字形导轨腹板两侧，限制导轨（即架体）只能沿着导轮上下运动，防止架体倾覆和偏斜。

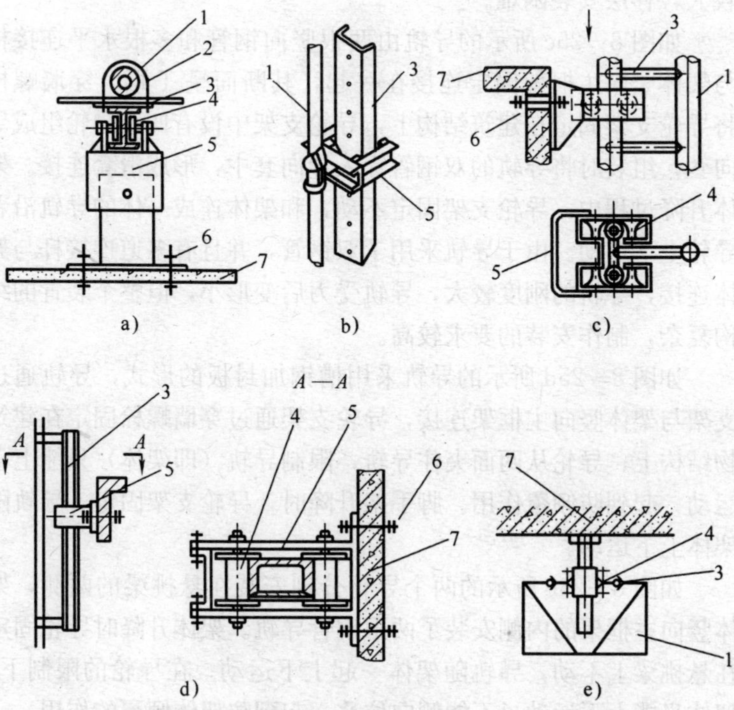

图 8—25　导轮式防倾覆装置

a）工字钢轨道　b）槽钢轨道（固定式）　c）T形轨道

d）槽钢轨道（移动式）　e）双钢管轨道

1—竖向主框架　2—U形螺栓　3—导轨　4—导轮

5—导轮支架　6—穿墙螺栓　7—建筑物

如图 8—25b 所示的导轨由槽钢组成，通过连墙支座和连墙挂板固定在建筑物墙体上，导轮支架为凹形抓钩结构，安装在架体竖向主框架的立杆上，导轮安装在导轮支架的里口，从两侧夹住导轨。架体升降时，导轨固定在墙体上不动，导轮支架（即架体）受到导轨的水平约束，只能沿着导轨上下运动。该装置在使用过程中，对导轨的安装精度要求高，导轨固定在墙体上，质量较大，移层安装困难。

如图 8—25c 所示的导轨由两根竖向钢管和多根水平连接杆与架体竖向主框架固定连接在一起，其断面呈 T 形。穿墙螺栓将导轮支架固定在建筑结构上，导轮支架中设有四个导轮组成导向套，组装时将导轨的双钢管穿入导向套中，形成滑套连接。架体升降过程中，导轮支架固定不动，和架体连成一体的导轨沿着导轮上下运动。由于导轨采用了双钢管，并且有多道连接杆与架体连接，导轨的刚度较大，导轨受力后变形小，但整个装置的结构复杂，制作安装的要求较高。

如图 8—25d 所示的导轨采用槽钢加封板的形式，导轨通过支架与架体竖向主框架连接，导轮支架通过穿墙螺栓固定在建筑物结构上；导轮从两面夹住导轨，限制导轨（即架体）只能上下运动，起到防倾覆作用。脚手架升降时，导轮支架固定，导轨随架体上下运动。

如图 8—25e 所示的两个导轮分别安装在悬挑梁的两侧，架体竖向主框架的内侧安装了两根钢管导轨。架体升降时导轮固定在悬挑梁上不动，导轨随架体一起上下运动。在导轮的限制下，架体只能上下运动，不能侧向位移，起到防架体倾覆的作用。

3）套框式防倾覆装置是套框式附着升降脚手架的附着装置，同时也是架体的防倾覆装置。架体升降时，套框架通过附墙支撑架固定在墙体上，主框架（即架体）必须沿着套框架上下运动，保证了架体在升降过程中不会向里外倾斜。由于受到结构的限制，套框架上两个附墙支撑架的间距较小，架体升降过程中的稳定性较差；主框架与套框架（即导轨与约束点）相对运动的范围内不得用斜杆加固，因此导轨的长度受到限制；而且二者相对运动时的摩擦阻力较大。

4）钢丝绳式防倾覆装置由钢丝绳和限位轮组成，如图 8—26 所示。ACB 为定尺长的钢丝绳，绳长大于一层楼高度。如图 8—26a 所示，钢丝绳两端固定在脚手架架体上，限位轮固定在建筑物结构上；如图 8—26b 所示，钢丝绳两端固定在建筑物结构上，限位轮固定在架体上。架体升降时，钢丝绳（即架体）受到限位轮的约束不能向外倾斜，但钢丝绳是柔性约束，无法防止架体向内倾斜，而且限位轮相对于钢丝绳两端点的运动轨迹为椭圆形，架体升降时不能保持垂直上下运动。

该种防倾覆装置的防倾覆效果较差，目前已被淘汰。

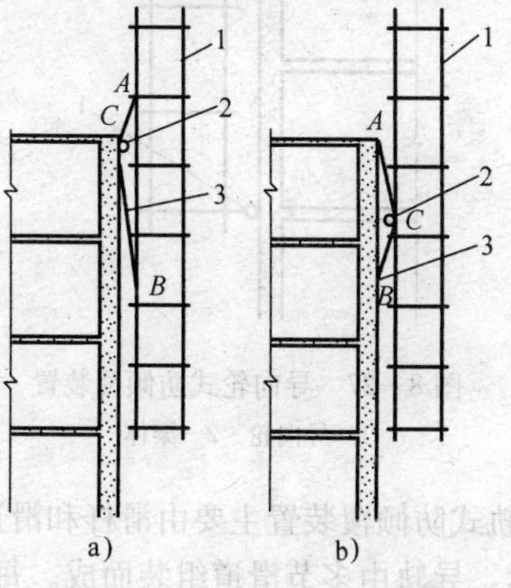

图 8—26　钢丝绳式防倾覆装置

a）限位轮固定　b）钢丝绳固定

1—架体　2—限位轮　3—钢丝绳

5）导向轮式防倾覆装置是在架体的底部和上部安装导向轮，架体升降时导向轮沿墙面滚动，如图 8—27 所示。该装置结构简单，安装、使用方便，但只能防止架体向里倾倒，无法防止架体向外倾倒。当建筑物外立面为非连续平面时，导向轮无法使用；当架体下降施工时，完成装饰的外墙面也不允许滚轮碾压。因此，导向轮式防倾覆装置使用的范围很窄。

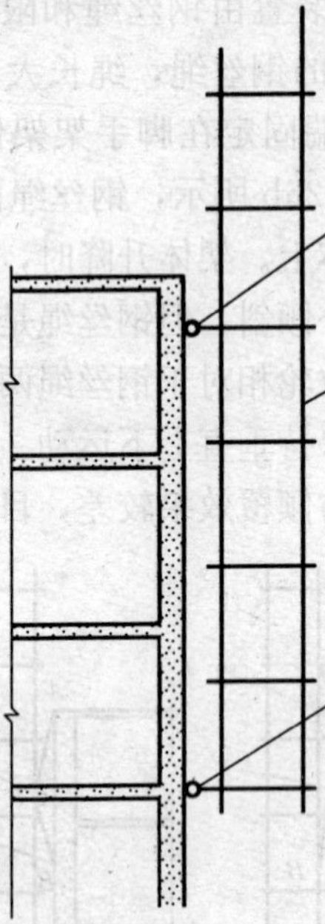

图 8—27　导向轮式防倾覆装置

1—导向轮　2—架体

6）滑杆导轨式防倾覆装置主要由滑杆和滑道（导轨）组成，如图 8—28 所示，导轨由多节滑道组装而成。每节滑道采用两根 ϕ48 mm×3.5 mm 的脚手架钢管通过两个支撑架焊接成整体，且用 U 形螺栓将滑道固定在架体竖向主框架的立杆上。滑道的一端焊有接头管，可插入另一节滑道的端部，使滑道的接头处连接平滑，便于滑杆通过。滑道可以根据楼层高低变化的需要任意接长，组装成连续的导轨。滑杆也是采用 ϕ48 mm×3.5 mm 的脚手架钢管拼焊而成，其端部呈“干”字形，可在滑道的支撑架和双钢管中自由移动，滑杆的根部焊有底板并加工有长孔，通过穿墙螺栓将滑杆固定在外墙体上。架体升降时，多节滑道组成的导轨随架体一起上下运动，受到滑杆在四个方向的约束，架体只能进行垂直升降。滑杆与导轨间为点接触，摩擦阻力小。

该装置制作简单，无需维修保养，滑道安装在架体上，随架体一起运动，从而避免施工过程中转移滑道，安装使用方便，是一种使用效果比较好的防倾覆装置。

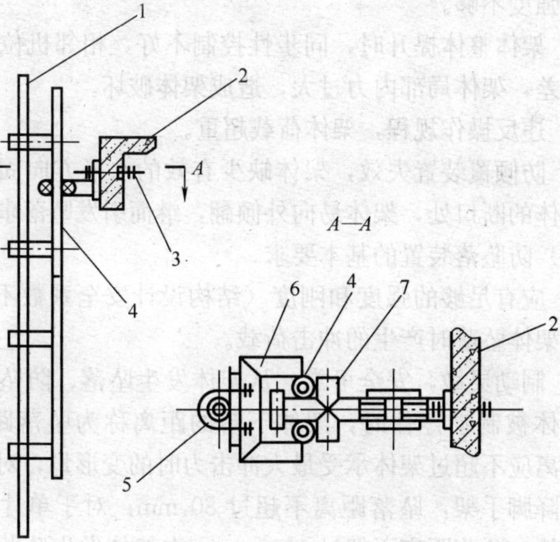

图 8—28　滑杆导轨式防倾覆装置

1—架体竖向主框架　2—建筑物　3—穿墙螺栓　4—滑道（导轮）
5—U 形螺栓　6—支撑架　7—滑杆

2. 防坠落装置

防坠落装置是附着升降脚手架在升降或使用过程中发生意外坠落时的制动装置。

（1）架体产生坠落事故的主要原因

1）升降过程中升降机构的制动装置失灵；链条、钢丝绳断裂；吊钩断裂；液压装置油管爆裂，控制失效。

2）升降过程中升降机构的固定点和提升点处钢结构破坏，

架体变形失稳，波及其他提升点，形成连锁反应。

3）在架体发生意外时，防坠落装置未能及时起到闭锁作用。

4）对建筑物外墙表面的障碍物未及时发现清理，从而阻碍架体升降，并可能造成升降机构或架体超载损坏，引发事故。

5）附着支撑结构与墙体连接点处的混凝土强度不够，或穿墙螺栓强度不够。

6）架体整体提升时，同步性控制不好，相邻机位产生过大的高低差，架体局部内力过大，造成架体破坏。

7）违反操作规程，架体荷载超重。

8）防倾覆装置失效，架体缺少有效的水平方向固定，尤其是在架体的断口处，架体易向外倾翻，继而引发坠落事故。

（2）防坠落装置的基本要求

1）应有足够的强度和刚度（结构设计安全系数不小于 2），能承受架体坠落时产生的冲击荷载。

2）制动灵敏，安全可靠。从架体发生坠落、防坠落装置动作到架体被制动停住时，架体下落的距离称为坠落距离（h）。坠落距离应不超过架体承受最大冲击力时的变形量，对于整体式附着升降脚手架，坠落距离不超过 80 mm；对于单片式附着升降脚手架，坠落距离不超过 150 mm。在架体发生坠落时，防坠落装置应具有足够的制动力，将架体牢固制动。

3）防坠落装置应设置在架体竖向主框架部位，而且每一个竖向主框架提升设备处必须设置一个防坠落装置。

4）防坠落装置与提升机构应分别设置在两套附着支撑结构上，若有一套失效，另一套必须能独立承担全部坠落荷载。

5）防坠落装置应有专门详细的检查方法和管理措施，以确保其工作可靠、有效。

（3）防坠落装置的结构形式

防坠落装置主要有楔块套管式触发型、钢丝绳式触发型、楔钳式、摩擦式、限位式、偏心凸轮式、楔块套管式、摆针式等几种结构形式。

1）楔块套管式触发型防坠落装置适用于吊拉式附着升降脚手架，主要由活动夹块、上下弹簧、自调节头、挂杆以及防坠吊杆等零部件组成。底座安装在提升挑梁的端部（固定不动）。防坠吊杆从防坠器中穿过，上端吊挂在架体上；下端有耳板，通过销轴与承力架（底盘）连接。自调节头的下端是球形结构，可在底座内偏转一定的角度，这样可以避免防坠吊杆与底座不垂直而产生阻力。架体升降时，挂钩钩住挂杆，压缩上弹簧，分成四块的活动楔块被下弹簧顶起向上并松开，在楔块与防坠吊杆之间产生空隙，防坠吊杆可自由地随架体一起升降，如图 8—29a 所示。在起重链条或吊钩断裂瞬间，产生的向上的回弹力通过提升挑梁传到防坠器上，促使挂钩立即脱开挂杆，上弹簧复位，向下挤压活动楔块并夹紧防坠吊杆，制止防坠吊杆下移，如图 8—29b 所示。活动楔块表面有齿槽，在上套内楔面的作用下越夹越紧，可以有效地避免脚手架的坠落。

2）钢丝绳式触发型防坠落装置主要由防坠器、防坠钢丝绳和传感钢丝绳三部分组成，如图 8—30 所示。其中防坠器主要由活动楔块、滑轮、杠杆和弹簧等组成。防坠器固定在墙体上，防坠钢丝绳的一端与底盘连接；另一端绕过防坠器内的滑轮，穿过一对活动楔块，末端连接重锤，以使防坠钢丝绳保持垂直的张紧状态。传感钢丝绳一端呈套环状，套入提升机具上部的挂钩；另一端绕过辊道，末端用绳夹紧固。传感钢丝绳中部串有开式螺旋扣，可张紧传感钢丝绳，以获得足够的初始绳触发力。当坠落事故发生时，吊重力突然消失，弹簧恢复力立即获得释放，传感钢丝绳向下拉动，通过杠杆的作用，使两个半圆弧形楔块压向防坠钢丝绳，将其箍紧，这时架体的荷载通过防坠钢丝绳以及防坠器传到建筑物上。

该装置不但能在升降机构失效的情况下起作用，而且当附着装置（如上拉杆、悬挑梁等）出现断裂时，同样能防止架体的

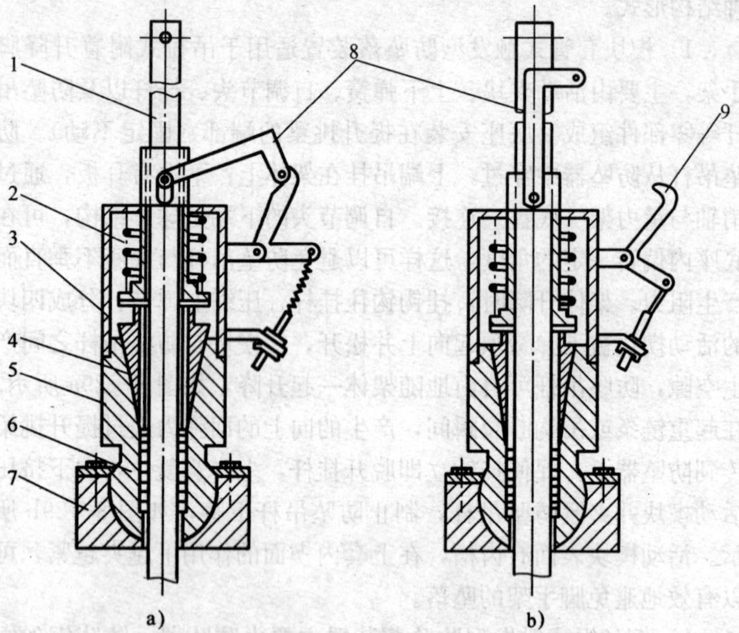

图 8—29　楔块套管式触发型防坠落装置

1—防坠吊杆　2—上弹簧　3—上套　4—活动楔块　5—自调节头
6—下弹簧　7—底座　8—挂杆　9—挂钩

坠落。

钢丝绳式触发型防坠落装置属于柔性安全器，所使用的承力件是柔性钢丝绳。与刚性承力件（如槽钢、圆钢等）相比，钢丝绳硬度大、摩擦因数小而不易咬合，钢丝绳受拉时延伸量大，径向受力时易压扁。因此架体坠落时坠落量较大，且当做坠落试验时钢丝绳被反复压扁，损坏严重。

3）楔钳式防坠落装置是一种机位荷载监视装置，主要用于吊拉式附着整体升降脚手架。其工作原理是利用起升荷载的重力与弹簧的平衡，使安全器处于“开启”的平衡状态，一旦平衡被破坏，则立即转换为“制动”状态，从而制止架体的坠落。

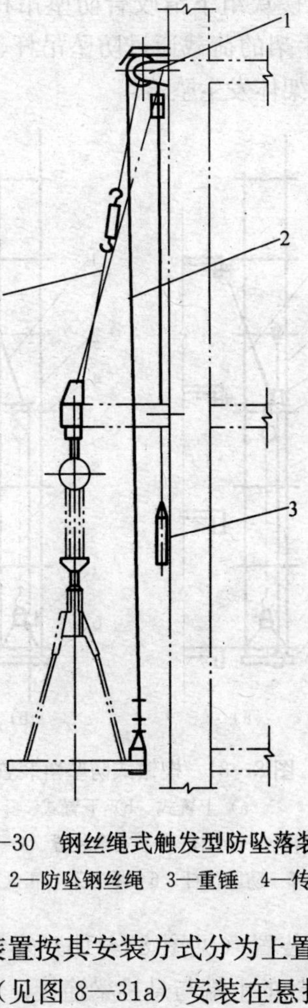

图 8—30　钢丝绳式触发型防坠落装置

1—防坠器　2—防坠钢丝绳　3—重锤　4—传感钢丝绳

楔钳式防坠落装置按其安装方式分为上置式和下置式两种，上置式防坠落装置（见图 8—31a）安装在悬挑梁的端部，主要由楔块组、托盘、弹簧、压杆和防坠吊杆组成，防坠吊杆的上端从楔块组中穿过后固定在架体上。脚手架正常升降时，电动葫芦承力，经压杆推动托盘向上压缩弹簧，楔块组沿锥面同时向上滑动，钳口张开，防坠吊杆可从钳口中自由穿行，此时防坠落装置呈“开启”状态；当脚手架产生坠落的瞬间，电动葫芦承力骤减，弹簧压力推动楔块组下滑咬合防坠吊杆，防坠落装置进入“制动”状态，脚手架的荷载通过防坠吊杆、防坠落装置传递到建筑结构上，避免架体发生坠落。

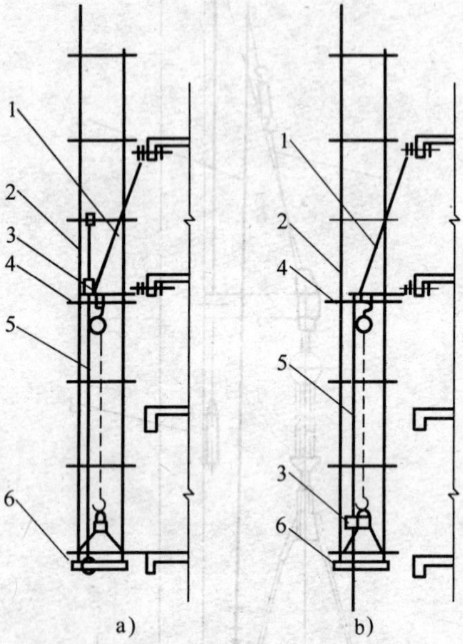

图 8—31　楔钳式防坠落装置

a）上置式　b）下置式

1—上拉杆　2—架体　3—安全装置　4—提升挑梁

5—防坠吊杆　6—承力架（底盘）

下置式防坠落装置（见图 8—31b）安装在承力架（底盘）的拉杆上，防坠吊杆的上端与悬挑梁连接，下端从防坠落装置楔块组中穿过。脚手架正常升降时，电动葫芦受力后向上拉动吊板，压杆根部抬起，前端向下推动楔块组并拉伸弹簧，楔块组沿锥面向下滑动，同时钳口张开，防坠吊杆可从钳口中穿行，安全锁呈“开启”状态；当提升装置失效，架体发生坠落时，吊板的拉力消失，弹簧收缩且拉动托盘向上，同时推动楔块组向上滑动并咬合防坠杆，防坠落装置进入“制动”状态，此时脚手架的重力通过防坠落装置传递到建筑结构上。

上述两种防坠落装置的主要区别在于：上置式防坠落装置在架体提升时固定在悬挑梁上不动，防坠吊杆随架体上下运动；下置式防坠落装置在架体提升时随架体上下运动，而防坠吊杆则固定在悬挑梁上不动。

4）摩擦式防坠落装置是利用相对运动物体在小于摩擦角的斜面上，摩擦力大于下滑力的原理达到制动的。该装置适用于导轨式附着升降脚手架，主要由传感机构、制动装置、导轨和三角楔块（或摩擦轮）组成，如图 8—32 所示。传感机构安装在升降机构与防坠落装置之间，制动装置安装在架体上，导轨从制动装置中穿过。当架体升降时，制动装置处于“开启”状态；当升降机构失效时，传感机构工作，使三角楔块向上运动，制动装置通过楔块组和导轨锁紧，防坠落装置进入“制动”状态，架体的荷载通过导轨直接传递到建筑结构上。

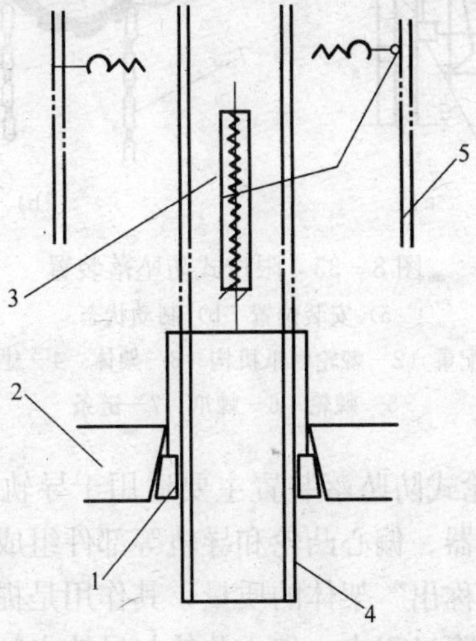

图 8—32　摩擦式防坠落装置

1—楔块组　2—制动装置　3—传感机构　4—导轨　5—架体

5）限位式防坠落装置由棘轮、棘爪、传动链条和配重等结构件组成，如图 8—33 所示。棘轮棘爪机构用穿墙螺栓固定在墙体上，链条的一端固定在架体上，另一端悬挂配重。架体提升时，固定在架体上的链条随架体一起提升，配重随之下降，在配重的作用下棘轮顺时针转动，使链条始终处于张紧状态。一旦升降机构出现意外架体坠落时，棘爪卡住棘轮，从而防止架体坠落，此时架体的质量通过棘轮棘爪机构传到建筑物上。由于棘轮棘爪机构是单向制动装置，因此限位式防坠落装置只能在架体提升时起防坠落作用，架体下降时则不起作用。

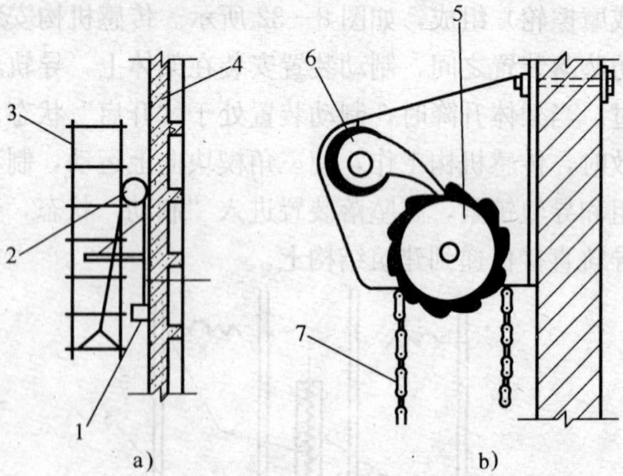

图 8—33　限位式防坠落装置

a）安装位置　b）制动状态

1—配重　2—棘轮棘爪机构　3—架体　4—建筑物

5—棘轮　6—棘爪　7—链条

6）偏心凸轮式防坠落装置主要适用于导轨式附着升降脚手架，由传感控制器、偏心凸轮和导轨等部件组成，如图 8—34 所示。传感器可“称出”架体的质量，其作用是提供脚手架的受力信号。架体在升降过程中，偏心凸轮与导轨之间处于“开启”状态，架体上下运动不受影响。一旦架体某部位超载或升降机构失效后架体突然下降，产生失重现象，此时传感控制器能“称出”架体的超重和失重，立即驱使双偏心凸轮转动，将导轨夹紧；同时传感控制器向中央控制台发出报警信号，由中央控制台停止架体的升降，此时架体的荷载由导轨直接传到建筑结构上。

7）楔块套管式防坠落装置由两块半圆形楔块、套管、防坠吊杆以及传感装置组成，如图 8—35 所示。其中套管安装在附着支撑上固定不动，防坠吊杆随架体运动，楔块通过传感装置与升降机构连接。架体正常升降时，楔块远离防坠吊杆，处于“开启”状态，不会产生自锁现象；一旦出现故障，传感装置带动楔块向下运动，将防坠吊杆与套管锁住，使架体停止坠落。

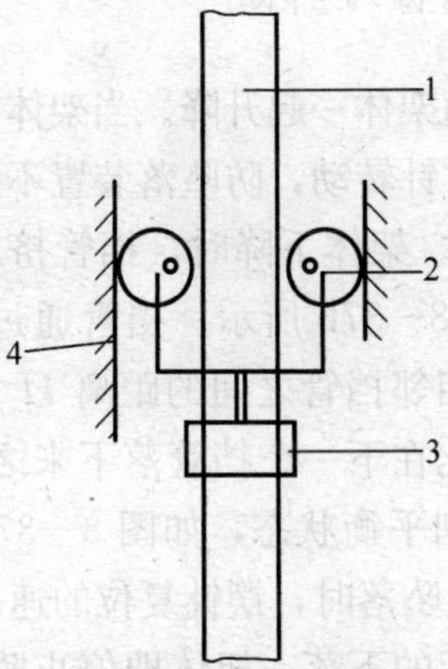

图 8—34　偏心凸轮式防坠落装置

1—导轨　2—偏心凸轮

3—传感控制器　4—架体

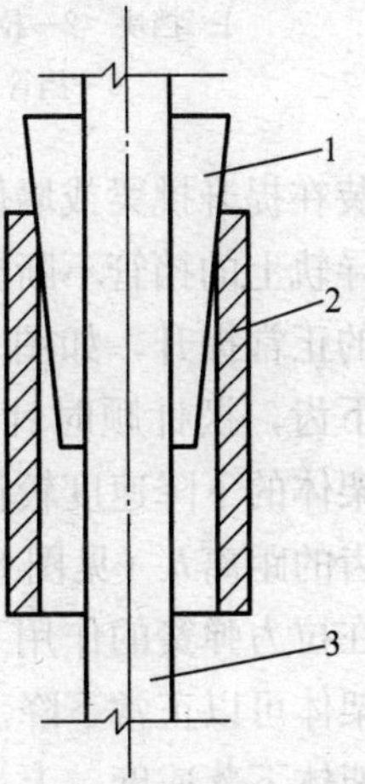

图 8—35　楔块套管式防坠落装置

1—楔块　2—套管

3—防坠吊杆

8）摆针式防坠落装置由支座、摆针和导轨等组成，如图 8—36 所示。支座上焊有挡块；摆针呈凹形，分上、下齿，通过销轴与支座连接，并装有拉力弹簧；导轨上等距离焊有挡管。支

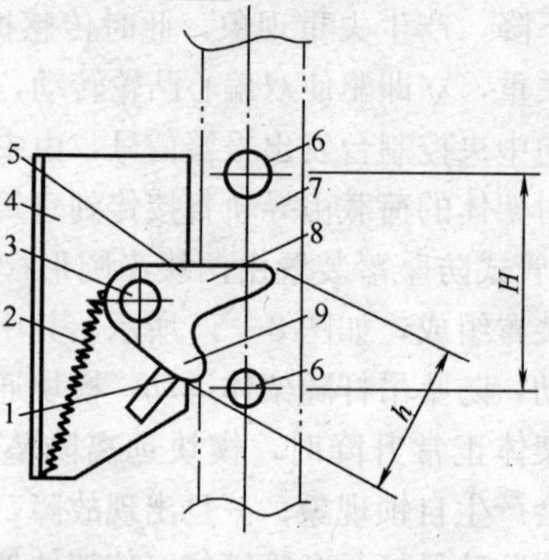

图 8—36　摆针式防坠落装置

1—挡块　2—拉力弹簧　3—销轴　4—支座　5—摆针

6—挡管　7—导轨　8—上齿　9—下齿

座安装在提升挑梁或墙体上，导轨随架体一起升降。当架体提升时，导轨上的挡管不断推动摆针逆时针转动，防坠落装置不影响架体的正常提升，如图 8—37a 所示。架体下降时，挡管挤压摆针的下齿，摆针顺时针转动，如图 8—37b 所示。挡管通过后，由于架体的下降速度较慢，且两个相邻挡管之间的距离 H 大于上下齿的距离 h（见图 8—36）。因此在下一个挡管落下来之前，摆针在拉力弹簧的作用下迅速恢复到平衡状态，如图 8—37c 所示，架体可以正常下降。当架体快速坠落时，摆针复位的速度滞后于架体下落速度，上齿挡住了挡管的下落，架体即停止坠落，如图 8—37d 所示。

该装置在架体坠落时不能立即制动，需要下落一定距离才能起到作用，属于硬性阻击坠落。当架体荷载很大时，冲击力较大，容易造成限位装置损坏。

3. 架体同步升降及荷载监控系统

（1）使用架体同步升降及荷载监控系统的重要性及其作用

1）防止机位升降不同步。由于整体升降脚手架是一个巨大

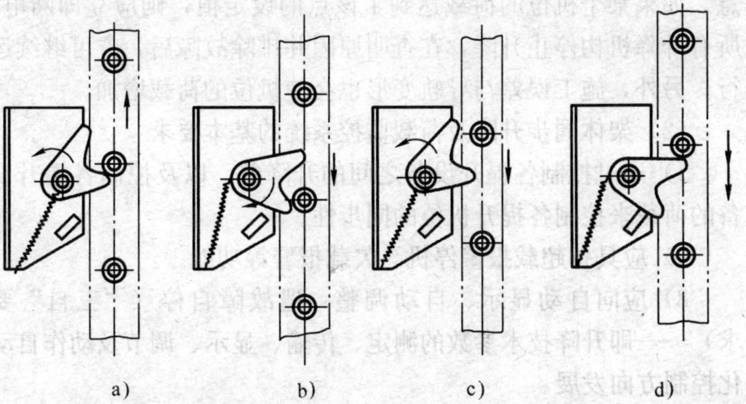

图 8—37　摆针式防坠落装置工作原理

a）上升　b）匀速下降过下齿　c）匀速下降过上齿　d）快速坠落、上齿阻挡

的桁架结构，架体刚度大，各机位间很小的升降差就对各个机位的荷载影响很大。架体升降中，各台提升机构的荷载与提升速度不可能完全一致，这样必定会造成整体结构的微小变形，从而引起其内部应力的重新分布。随着各机位升降差的增大，架体结构的附加应力也增加很快。当这些附加应力超过脚手架杆件材料的承载极限值时，就会造成架体结构的破坏、坠落，引发安全事故。为了避免上述情况的发生，要求脚手架在升降过程中，各机位升降差应控制在以下范围内：相邻机位的高差不大于 30 mm，整体架体的最大升降差不大于 80 mm。通过使用架体同步升降及荷载监控系统，可有效地达到上述要求。

2）防止荷载超限。整体升降脚手架架体搭设高达 4～5 层楼层高度，覆盖面积大，架体升降过程中很可能碰到外墙突出部位或其他障碍物，造成该部位架体荷载不断增加。此时如不能及时停止升降，必定会导致架体结构承载超过极限，从而产生严重变形，最终造成脚手架的整体坍塌。因此必须使用架体同步升降及荷载监控系统，对各机位的实时荷载进行监控，并提醒操作者注意。如果某个机位的荷载达到了该点的设定值，则应立即断电，所有升降机构停止升降，在查明原因并排除故障后，方可继续运行。另外，施工误差与导轨变形也会使机位的荷载增加。

(2) 架体同步升降及荷载监控系统的基本要求

1) 通过控制各提升设备之间的升降差，以及控制各提升设备的荷载来控制各提升机位的同步性。

2) 应具备超载报警停机、欠载报警等功能。

3) 应向自动显示、自动调整、遇故障自停（“三自”要求）——即升降技术参数的测定、传输、显示、调节及动作自动化控制方向发展。

(3) 架体同步升降及荷载监控系统对于手拉环链葫芦、电动葫芦、电动卷扬机和液压提升设备等不同类型的升降机构，可采取多种类型，其中主要有以下几种控制方法：

1) 极限荷载控制法采用一种“机位荷载预警系统”，主要用于吊拉式附着升降脚手架。该系统由荷载传感器、中继站和自动检测显示仪三部分组成，如图 8—38 所示。

在每个电动葫芦与机位之间串联安装一个机械式荷载传感器，每四只荷载传感器为一组并联至中继站，各中继站用一根电源线与信号线合一的多芯电缆线串联连接至自动检测显示仪。由自动检测显示仪向中继站每秒钟发出一组扫描脉冲信号，并接收各中继站的反馈信号，进行检测、显示。当任意一个机位的荷载超出允许荷载的上限值（如 50 kN）或低于允许荷载的下限值（如 10 kN）时，该机位上的荷载传感器立即向总电气控制台发出预警信号，指示异常机位位置与异常情况类型，切断总电源，使整体脚手架停止升降，并发出声、光报警信号。自动检测显示仪面板上每个机位有一个红、黄、绿变光显示灯，当机位荷载超出上限值时，灯光显示红色，表示机位超载；当机位荷载低于下值时，灯光显示黄色，表示机位欠载；当机位荷载在上、下限值之间时，灯光显示绿色，表示正常。操作人员通过面板上各机位显示灯的颜色和警示标记，可了解所有机位的受力状况，并能及时找出故障机位的位置。待故障排除后，架体才能正常升降。

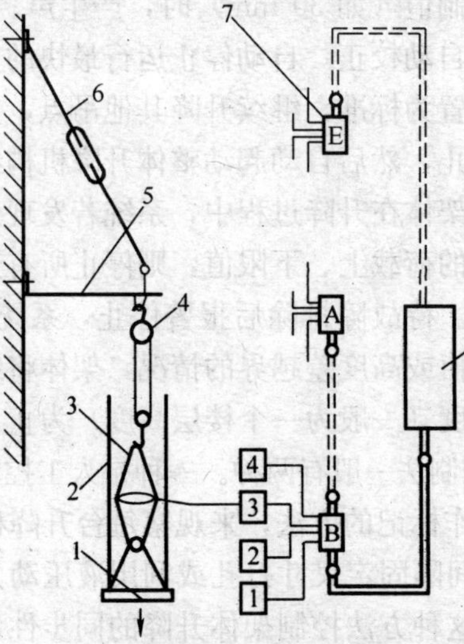

图 8—38　机位荷载预警系统示意图

1—承力架　2—架体　3—荷载传感器　4—电动葫芦

5—悬挑梁　6—上拉杆　7—中继站　8—自动监测显示仪

该控制方法简单、实用，但在预先标定的上、下限载范围内不能直接调节控制荷载，同步控制精度不高。

2）荷载增量控制法采用一种“荷载增量监控系统”。该系统主要由多种芯片组成的可编程控制器（CPU）、控制电动葫芦转停和正反转的继电器、对升降位移信号采样的“霍尔传感器”、对荷载应力检测的电容式压力传感器以及在控制系统中与各个机位连接采用的 9 芯屏蔽导线组成。该系统的操作过程如下：

①确定架体初始位置和荷载极限。系统启动前自动保存各吊点的初始位置，并设定各吊点的荷载上、下限值。

②实际检测和显示。架体在升降过程中，系统不断地自动检测各吊点的实际升降距离以及实时荷载状况，并及时显示各吊点

间的最大升降差和距离上、下荷载报警值最接近的吊点状况。

③高差控制。架体在运行过程中，当任意两个吊点间的升降运行高度差达到控制值（如 30 mm）时，产生声、光报警信号，并按照预先设定值自动校正。自动停止运行最快的升降机构，并以该吊点的当前位置为标准，继续升降其他吊点，直到所有吊点都处于标准位置为止，然后自动起动整体升降机构继续升降。

④荷载控制。架体在升降过程中，系统若发现某吊点的实际荷载超过该点设置的荷载上、下限值，则停止所有升降机构并发出声、光报警信号。待故障排除后报警停止，系统可继续运行。只要不出现荷载超值或高度差越界的情况，架体将继续升降，一直运行到设定的高度（一般为一个楼层高度）为止。

3）机位高差控制法一般有两种。一种是人工控制方法，采用在附着支撑杆件上作标记的方法，来观察每台升降机构处的升降差，例如在导轨上间隔固定尺寸打孔或利用液压动力设备中的支撑杆节距等。采用这种方法控制架体升降的同步性，受到人为因素的影响较大，控制精度较差。另一种方法是采用电脑自动控制系统，系统由电脑控制柜、信号发生器、机位控制器和主控柜组成。

四、电气控制系统

电气控制系统是对多台升降机构电气系统的控制。附着升降脚手架升降机构的动作比较简单，一般只有上、下（即正、反转）两种工况。因此，电气控制系统主要是控制升降机构的正、反转。

1. 基本动作要求

整体升降脚手架电气控制系统应为三相四线制交流控制系统，每台升降机构用一条电缆线接至总控制台，总控制台能控制多台（一般为 30～40 台）升降机构同步升降或单独升降。

2. 电气安全保护

电路中除设有漏电保护开关外，还应有起过流保护作用的总熔断器与分路熔断器，以保护各分路电动机及总电路不致因过载电流而烧毁。各分路中还应装置缺相、错相保护器，当某分路缺相或错相时即会使该分机停止转动，以免因该分路缺相或错相烧坏电动机。电器柜外壳有漏电接地保护，其接地电阻应小于4 Ω。分电缆线的零线与电动机壳体连接，当电动机漏电时形成保护回路。

3. 电路显示

总电路中的电流强度，可通过电流互感器在电流表中显示出来；总电路中的电压通过相压转换开关，可在电压表上显示出三相电源中任意两相的电压。

4. 电气安装

电气柜中所有电线的两端均应有编号，供安装维修时查找。在安装施工中，各升降机构的分电缆线从总控制台起，按顺时针和逆时针两个方向分布，并成束悬挂在架体外排杆内侧高处，应采取措施防止施工中损坏电缆线。在施工升降机和外附式塔机位置处，电缆线安装时应切断，并用防水、防撞型接插件连接，以便在升降期间可拆绕，并复接通过施工升降机和塔式起重机的附墙拉结杆。

5. 架体防雷

应根据外脚手架防雷技术要求的有关规定，在建筑物与架体之间应连接有不少于两处的避雷接地线。

6. 操作室及电气柜

电气柜操作面板上方应设有防护盖板，在施工期间可防撞击、风雨、日晒。电气柜门及操作室应配有门锁，以防无关人员擅自进入和动用。

第三节　附着升降脚手架的升降原理

从附着升降脚手架的结构中可以看到，各种类型的升降脚手架均有两套附着支撑结构。一套在架体固定状态时使用，另一套在架体提升状态时使用，两套附着支撑结构均能独立承受架体荷载。附着升降脚手架就是利用两套附着支撑结构交替固定、轮流使用，并通过升降机构来实现架体升降。

一、吊拉式附着升降脚手架的升降原理

吊拉式附着升降脚手架的升降原理如图 8—39 所示。附着升降脚手架固定使用时，整个架体的垂直荷载由下拉杆（又称承力架拉杆）承受，并将荷载传递到建筑物主体结构上，如图 8—39a 所示。架体提升前，安装好升降机构和上下两道防倾覆装置，拆除架体附墙拉结杆，拆除下拉杆与建筑物之间的连接，准备提升，此时，架体的荷载由提升挑梁及上拉杆（又称挑梁拉杆）传递至建筑物主体结构，如图 8—39b 所示。起动升降机构，架体在上下两道防倾覆装置的限制下，沿建筑物外墙面升降，如图 8—39c 所示。升降至预定位置后，安装好下拉杆及每层楼面的附墙拉结杆，架体成为固定状态，架体的垂直荷载又转由下拉杆承受，如图 8—39d 所示。如需再升降一层，将升降机构、提升挑梁和上拉杆一起转移到下一层，并与建筑物主体结构安装连接，如图 8—39e 所示。重复以上的操作过程，即能实现架体随建筑物的施工不断升降。

如图 8—39 中所示，吊拉式附着升降脚手架在升降过程中，提升点位于架体宽度（或排距）的中心，因此，吊拉式附着升降脚手架的提升属于中心提升，升降过程中外倾力矩较小。

二、导轨式附着升降脚手架的升降原理

导轨式附着升降脚手架利用导轨和导座之间的连接和相对运动，实现架体的固定和升降，其升降原理如图 8—40 所示。在使用状况下，架体荷载由上、下两道斜拉钢丝绳或定位销承受，并

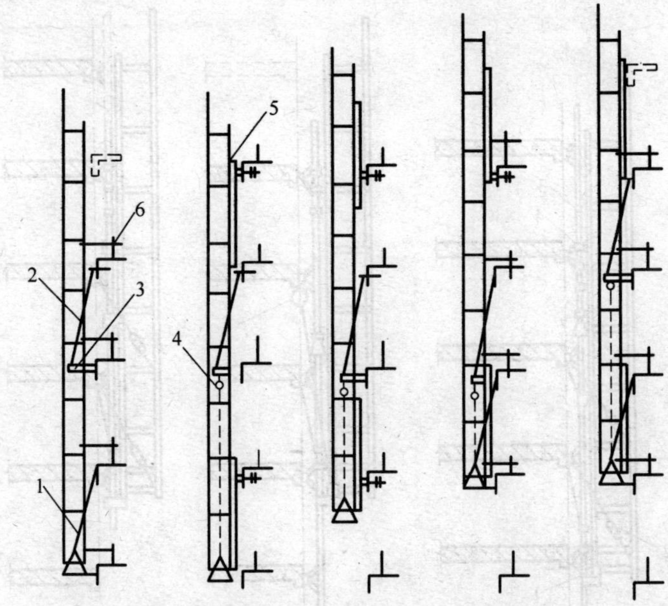

图 8—39　吊拉式附着升降脚手架升降原理图

a）使用状态　b）提升前　c）提升中

d）提升到位　e）准备下次提升

1—下拉杆　2—上拉杆　3—提升挑梁

4—提升机构　5—防倾覆装置　6—附墙拉结杆

通过导座传递到建筑物结构上，如图 8—40a 所示。架体提升前，安装好升降机构，拆除斜拉钢丝绳或定位销，起动升降机构，则架体沿导轨升降一层楼的高度，升降状态下架体的荷载由升降机构、导座及导轨附着支撑结构承受，如图 8—40b 所示。架体升降到位后，安装好上、下两道斜拉钢丝绳或定位销，并向上或下转移导座及升降机构，准备下一次升降，如图 8—40c 所示。不断重复以上动作，架体就可以不断升降。

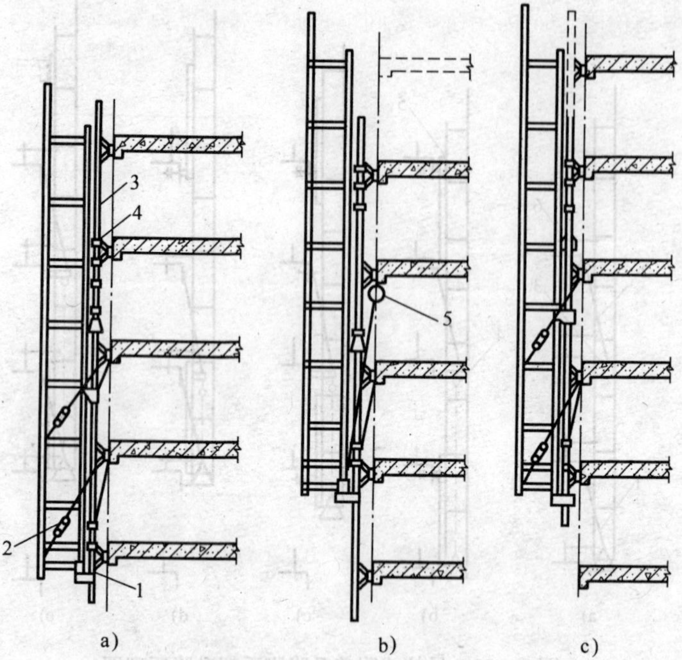

图 8—40　导轨式附着升降脚手架升降原理图

a）使用状况　b）升降中　c）升降后

1—导座　2—斜拉钢丝绳　3—导轨　4—定位销　5—升降机构

如图 8—40 所示，导轨式附着升降脚手架升降过程中，提升机构位于架体内侧，导轨式附着升降脚手架属于偏心提升，提升过程中，架体外倾的力矩较大，导轨及导座承受的水平拉力也较大。

三、套框式附着升降脚手架的升降原理

套框式附着升降脚手架的升降过程，是通过架体结构中主框架和套框架的交替固定和升降来实现的，如图 8—41 所示。主框架和套框架虽互不关联，但可以相对滑动，而且都可以与建筑物

主体结构固定连接。在架体固定状态下，由主框架通过附墙支座固定在建筑物主体结构上，架体荷载通过架体主框架和附墙支座传递到建筑物，如图 8—41a 所示。架体提升前，在主框架固定的情况下，松开套框架与建筑物之间的连接，利用主框架上的吊挂点，用升降机构将套框架提升一定的高度，通过附墙支座与建筑物固定连接；再将升降机构安装在主框架与套框架之间，拆除主框架上的附墙支座和水平拉结杆，此时，架体荷载由升降机构和套框架来承受，如图 8—41b 所示。起动升降机构，将主框架（即架体）沿着套框架向上提升，如图 8—41c 所示，此阶段架体荷载通过升降机构和套框架上的附墙支座传递到墙体上。架体提升到位后，将主框架上的附墙支座与墙体固定，并安装水平拉结杆，如图 8—41d 所示，从而完成一次提升过程，架体下降则反

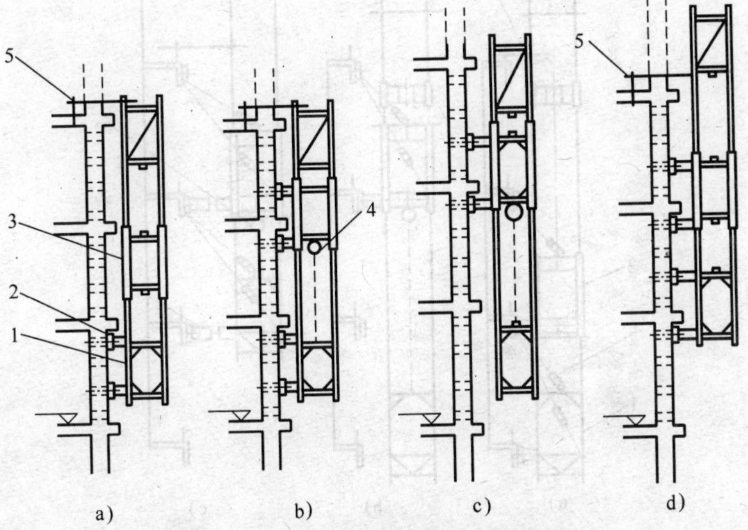

图 8—41　套框式附着升降脚手架升降原理图

a）使用状态　b）提升前　c）提升中　d）就位固定

1—主框架　2—附墙支座　3—套框架

4—提升机构　5—水平拉结杆

向操作。受到架体结构的限制，套框式附着升降脚手架升降一层楼的高度，一般需要重复 2～3 次升降过程，因此，架体升降所需时间较长。

四、吊套式附着升降脚手架的升降原理

吊套式附着升降脚手架的结构形式与套框式附着升降脚手架基本相同，只是将套框式附着升降脚手架的附墙支座换成了两套可调斜拉杆和附着支撑管，如图 8—42 所示。在使用状态下，架体由主框架底部的附着支撑管和斜拉杆，以及架体顶部的水平拉结杆固定在外墙体上；架体荷载由主框架上的斜拉杆

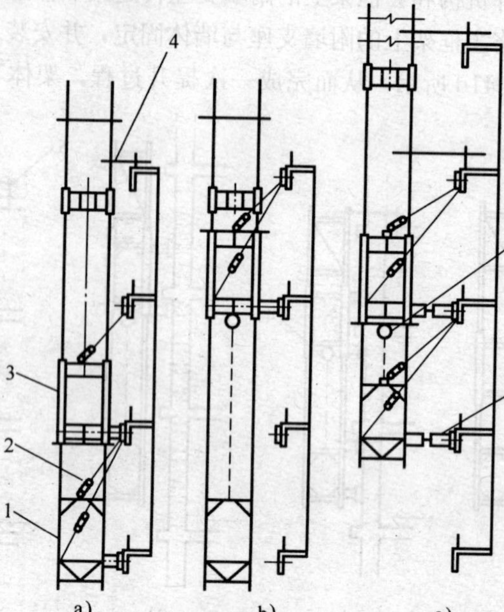

图 8—42　吊套式附着升降脚手架升降原理图

a）使用状况　b）提升前　c）提升到位固定

1—主框架　2—斜拉杆　3—套框架　4—水平拉结杆

5—升降机构　6—附着支撑管

传递到建筑物上，如图 8—42a 所示。架体提升前，将套框架上移一层，通过套框架上的斜拉杆和附着支撑管，将套框架固定在上一层的墙体上，如图 8—42b 所示。拆除主框架上的斜拉杆和附着支撑管，通过升降机构将主框架提升至上一层楼面，并固定好斜拉杆及附着支撑管，架体完成一次提升动作，如图 8—42c 所示。再将套框架及斜拉杆移到上一层楼面，又可进行下一次提升。吊套式附着升降脚手架和套框式附着升降脚手架的升降都属于中心提升，升降过程中架体的外倾力矩较小。

五、互爬式附着升降脚手架的升降原理

互爬式附着升降脚手架的升降机构一般采用手拉葫芦，其提升过程如图 8—43 所示。先将各相间的一半脚手架单元架体固定在建筑物结构上，再将手拉葫芦的吊钩挂在固定架体的提升横梁上，挂钩则挂在被提升单元架体底部的水平梁架上，并拆除各相间架体之间的连接，拉动各葫芦将相邻的一半脚手架单元架体提升到位，如图 8—43a 所示。在新的位置将被提升单元架体固定在建筑物主体结构上，再用同样的方法将手拉葫芦固定在升高后新位置的架体上，准备提升另一半脚手架单元架体，如图 8—43b 所示。整层架体提升完毕后，将各单元架体相互之间连接好，再进行新的一层建筑结构施工。不断重复以上动作，就可以使架体随着建筑物不断升高。互爬式附着升降脚手架在升降过程中，单元架体的升降是采用两只手拉葫芦人工操作，其同步性及平稳性较差，而且每次升降所需要的时间较长。

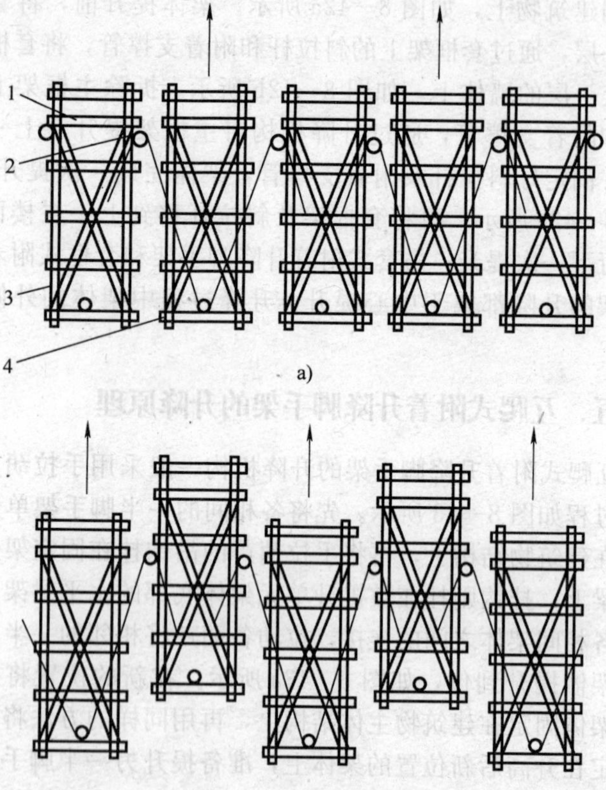

图 8—43　互爬式附着升降脚手架升降原理图

a）提升一半脚手架体　b）准备提升另一半脚手架体

1—提升横梁　2—手拉葫芦　3—固定架体　4—被提升架体

第九章

附着升降脚手架架体的安装与拆除

第一节 附着升降脚手架架体的安装

一、架体安装前的准备工作

1. 根据不同类型的建筑物主体结构和施工工艺及现场状况，编制每项工程的附着升降脚手架专项施工方案，按规定进行审批后执行。

2. 施工方案编制人或单位技术负责人，应根据附着升降脚手架专项施工方案的各项技术要求，以及国家现行有关附着升降脚手架标准的强制性规定，向安装人员进行安全技术交底。安全技术交底的主要内容应包括：

(1) 工程概况，包括待建工程的层高、层数、建筑物总高度、建筑结构类型等，特别是建筑物平面外围结构的特殊性。

(2) 附着升降脚手架的规格、型号，脚手架的搭设高度、宽度、步距、跨距以及机位布置、架体搭设的特殊要求等。

(3) 施工现场人员、材料的准备情况。

(4) 根据工程进度计划，详细介绍附着升降脚手架架体搭设的方法和程序、施工进度要求及各工种的配合情况。

(5) 强调附着升降脚手架搭设质量标准、要求及安全技术措施。

3. 按规定对架体竖向主框架、架体水平桁架等架体结构件，以及钢管、扣件等搭设材料进行检查验收，不合格的构件或材料不得使用。

4. 经检验合格的构配件按品种、规格分类，堆放整齐、平稳，堆放场地不得积水。

5. 清除搭设场地杂物，检查安装平台的平整度和牢固程度，确保架体的搭设安全。

二、架体安装的工艺步骤

各种类型的附着升降脚手架架体的安装工艺基本相同，架体的安装搭设工艺如图 9—1 所示。

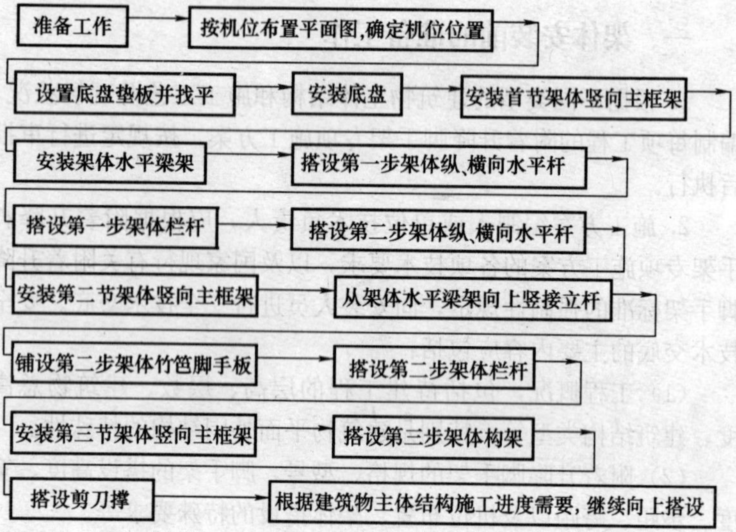

图 9—1　附着升降脚手架架体的搭设工艺流程图

三、架体竖向主框架安装操作要点

1. 架体安装前应设置安装平台，安装平台应有保障施工人员安全操作的防护措施。安装平台的水平精度和承载能力应满足架体安装的要求。

2. 承力架（又称“承力托盘”“底盘”）安装时要调整平稳，各承力架之间的高差应不大于 20 mm。承力架安装后，应将其固定，防止架体安装时晃动。

3. 从底部向上依次安装架体竖向主框架，其搭设高度与架体构架的搭设同步，按各种类型架体竖向主框架的安装要求装好每一个螺栓、垫片、螺母或者销轴、开口销等连接件，不得以小代大。

4. 安装过程中随时注意调整架体竖向主框架的垂直偏差，应不大于 5‰和不超过 60 mm，并及时将搭好的架体与建筑物内支撑脚手架或楼面预埋管连接。

四、架体水平梁架安装操作要点

1. 根据各种架体水平梁架的结构形式，安装架体水平梁架；按其要求安装好所有连接点的螺栓、螺母或销轴；要求各处水平梁架与建筑物之间距离相等。

2. 当架体水平梁架采用定型梁式桁架结构，不能连续设置时，局部可采用普通脚手架杆件进行连接，但其长度不应大于 2 m；并且必须采取加强措施，确保其连接强度不低于桁架梁式结构。

五、架体构架安装操作要点

1. 在架体竖向主框架之间，从架体水平梁架向上逐步搭设架体构架。应采用扣件式钢管脚手架或碗扣式钢管脚手架，其搭设应满足现行国家和行业的相关标准或技术规范。

2. 架体外立面沿全高搭设剪刀撑，剪刀撑的搭设要求按现行行业标准《建筑施工扣件式钢管脚手架安全技术规范》（JGJ 130—2001）执行。

3. 对架体构架需要加强的部位按本章第二节的内容，采取可靠的加强构造措施。

4. 为方便施工人员上下架体，可在合适的位置，从架体构架的第一步至架体顶部搭设楼梯通道，且通道的搭设应满足安全规范的要求。

六、架体构架安全防护装置的安装及要求

1. 架体水平梁架的底层用脚手板严密铺设，并用密目安全网兜底封闭。

2. 在架体底层与建筑物外表面之间设置翻板构造；也可采用模板封死，只留 5～10 mm 的距墙间隙，防止物料坠落。

3. 在每一作业层架体外侧设置上、下两道防护栏杆（上杆高度 1.2 m，下杆高度 0.6 m）和挡脚板（高度 0.18 m）。

4. 在架体构架的各步纵向中线上，按现行行业标准《建筑施工扣件式钢管脚手架安全技术规范》(JGJ 130—2001) 的要求搭设纵向水平杆，并铺设竹笆脚手板或木脚手板。

5. 架体外侧用密目安全网（800 目/100 cm^2）围挡，密目安全网必须可靠固定在架体上，施工层的架体外侧还应设置竹笆片，并可靠固定。

6. 架体构架的断开处必须加设防护栏杆，并用密目安全网封闭。

7. 架体顶层与楼顶墙面之间的间隙应用大眼安全网封拉；架体提升前拆除，提升到位后及时与楼面拉结。

七、检查与验收

1. 架体构架在搭设过程中，脚手架施工单位应指定专职技术人员、安全人员对架体构架的搭设质量进行检查验收，并将检查验收结果记入检查报告，存档备查。

2. 架体竖向主框架和架体水平梁架的各节点连接件的安装质量，应符合该类型桁架的安装要求。

3. 架体构架中采用扣件式钢管脚手架或碗扣式钢管脚手架搭设的部分，其搭设质量应达到有关技术规范的要求。

4. 架体安装搭设的水平度和垂直度偏差，应在相关标准允许范围内。

5. 架体的安全防护应符合设计要求。

6. 架体搭设完毕，应由附着升降脚手架施工单位组织技术、质量、安全人员对架体搭设的质量进行自检验收，并上报当地有关管理部门备案或复检验收。

7. 附着升降脚手架是高层建筑施工的主要设施，是施工现场安全检查的主要项目之一，其检查评分可以参考现行行业标准《建筑施工企业安全检查标准》（JGJ 59—1999）。

第二节　附着升降脚手架安装操作的安全技术要求

一、操作人员要求

1. 附着升降脚手架的安装、施工应由具有附着升降脚手架专业施工资质的施工单位完成。

2. 由附着升降脚手架施工单位根据专项施工组织设计的要求，派出具有专业资质的附着升降脚手架施工负责人、技术人员、脚手架施工组及机械操作人员，负责附着升降脚手架的搭设、安装和施工。

3. 施工人员必须经过专业培训，且持有经考核合格后颁发并在有效期内的专项操作证。

4. 附着升降脚手架安装搭设前，要由脚手架技术负责人和脚手架项目负责人对施工小组成员进行安全技术交底，应根据不同的施工项目，分析脚手架施工的特殊性和专项技术要求，以及应采取的有针对性的安全技术措施；同时要明确岗位职责，并宣讲施工现场安全操作规程。

5. 操作人员进入施工现场，应按规定佩戴安全帽、系好安全带、穿上防滑鞋，准备好其他必备的劳动保护用品，使用的工具应合适并完好无损。

6. 操作人员作业时应精力集中，统一指挥，严格按脚手架操作规程和搭设方案的要求完成架体搭设，坚决杜绝随意搭设。

二、材料要求

1. 附着升降脚手架架体部分的钢结构桁架（架体竖向主框架和架体水平梁架等），应由生产厂家按相关规定对其进行检验，检验合格后才允许使用。

2. 搭设架体构架用的普通脚手架杆件及扣件，应具有质量合格证、质量检验报告等质量文件。钢管应严格进行筛选并油漆，凡有严重锈蚀、薄壁、严重弯曲及焊缝开裂变形的，一律不能使用。

3. 扣件有严重锈蚀、裂纹、螺杆变形、螺纹损坏的不能使用。

4. 架体材料拆除后应及时进行全面检修保养，出现以下情况的，必须予以报废：

（1）焊接件严重变形或锈蚀严重无法修复。

（2）导轨、附着支撑结构件、水平梁架杆部件、水平梁架部位、竖向主体框架等构件出现严重弯曲。

（3）螺栓连接件变形、磨损、锈蚀严重或螺栓损坏。

（4）弹簧件变形、失效。

（5）钢丝绳扭曲、打结、断股、磨损严重、达到报废规定的。

（6）其他不符合设计要求的。

三、架体安装搭设要求

1. 操作人员应严格按附着升降脚手架专项施工方案的要求完成架体的安装搭设。

2. 架体构架的搭设应做到横平竖直，立杆的垂直度误差应不大于 5‰和不超过 60 mm。

3. 相邻立杆的接头应相互错开至少一步。立杆间距以平均分布为宜，且不大于 1.5～1.8 m。

4. 采用扣件搭设时，其拧紧力矩不小于 40 N·m，且不大于 65 N·m。

5. 架体的安装搭设应符合建筑物主体结构的施工进度要求，但搭设高度不应超过在建施工层的一层高度。应随着架体的安装搭设逐层连接好附墙拉结杆，保持架体的垂直度和稳定性。

6. 架体安装搭设过程中，每搭完一步架体应检查架体的立杆纵距、架体宽度、立杆的垂直度，以及架体内侧的离墙距离，并及时调整校正。

7. 按附着升降脚手架专项施工方案的要求，作好脚手架的安全防护，每步的竹笆脚手板应随架体的安装搭设及时铺设，尽量避免站在脚手架钢管上操作。

8. 附着升降脚手架安装搭设期间，脚手架下方投影区向外 5 m 范围内应设置警戒区，严禁人员进入，并派专人守护。

第三节　附着升降脚手架的使用、维护与保养

一、附着升降脚手架的使用

1. 附着升降脚手架的使用必须遵守其设计性能指标，不得

随意扩大使用范围。

2. 附着升降脚手架上每步的施工荷载必须符合设计规定，一般不大于 2 kN/m^2，且在同一断面内的施工荷载不超过三步；严禁超载使用架体；严禁堆放影响局部杆件安全的集中荷载（如钢管、钢模等过重物件）；及时清理架体上的建筑垃圾和杂物。

3. 不得在架体上拉结吊装缆绳（索）。

4. 不得利用架体吊运物料或在架体上推车。

5. 除特殊设计外，不得利用架体提升模板或支顶模板。

6. 塔式起重机在吊运物件通过架体时，应留有充分的高度，严禁碰撞或扯动架体。

7. 施工人员严禁拆除或松动架体上的任何结构件、连接件、电缆线或安全防护设施。

8. 进出物料平台在使用中不得与架体接触，平台的吊拉钢丝绳应拉结在建筑物主体结构上；物料平台不得与架体同时进行升降作业。

9. 附着升降脚手架上的施工人员应尽量避免上下交叉作业。

10. 严禁非专职操作人员擅自进入电控操作台，随意操作升降机构。

11. 随着架体的升高，架体上电源箱的主电缆悬挂长度不能超过架体下部 10 m，以免对架体产生附加外倾力矩，电缆应随着架体上升而上移到更高的楼面堆放。

二、架体的维护、保养

1. 附着升降脚手架在使用过程中，应每月一次对架体进行全面安全状况检查，不合格部位应立即改正。检查内容包括：

(1) 所有连接件的安装是否符合设计规定，有无缺漏或松动。

(2) 钢结构桁架以及采用普通脚手架杆件搭设的部分，其搭设质量是否符合要求，结构件或材料是否有损坏、锈蚀。

（3）各种安全防护设施是否有损坏、缺漏。

2. 附着升降脚手架停用超过一个月或遇六级以上大风后复工时，应检查以下项目：

（1）架体附墙拉结杆的固定情况，若有松动应及时紧固。

（2）架体上各连接处的连接件是否拧紧。

（3）所有安全防护设施是否齐全。

3. 工程结束后，应对架体结构件进行全面检查，如清除结构件表面的水泥、砂浆等杂物，并涂刷油漆。如架体竖向主框架、架体水平梁架等结构件出现严重弯曲，或焊接件严重变形且无法修复，或结构件严重锈蚀等，应予以报废。

第四节　附着升降脚手架架体的拆除

一、拆除工作的特点

1. 附着升降脚手架拆除工作时间紧、任务重。拆除工作一般在主体工程完成之后进行，往往要求在很短的时间内完成。架体安装是随建筑结构施工逐层搭设，整个脚手架搭设完毕一般需要一个月左右时间，而架体拆除要求在几天内完成，这就强调附着升降脚手架拆除组织工作必须做到井井有条、安全有效。

2. 多数附着升降脚手架施工到顶层后，建筑物主体结构的外装饰施工不再使用附着升降脚手架，架体必须在高空予以拆除，导致人、物坠落的可能性较大。

3. 附着升降脚手架在搭设过程中，可利用塔式起重机等起重运输机械来运送架体构件和材料，并协助搭设。而拆除架体时，起重机械一般已拆除退场，架体的拆除以及各种构件材料的运输只能通过人工完成，拆除工作的难度与危险性均较大。

二、架体拆除的原则

1. 架体拆除顺序为先搭后拆，后搭先拆，严禁不按搭设程序拆除架体。

2. 拆除架体各步时应一步一清，不得同时拆除两步以上。每步上铺设的竹笆脚手板或木脚手板以及架体外侧的安全网，应随架体逐层拆除，使操作人员有一个相对安全的操作条件。

3. 架体上的附墙拉结杆应随架体逐层拆除，严禁同时拆除多层附墙拉结杆。

4. 拆架使用的工具应用尼龙绳系在安全带的腰带上，防止工具高空坠落。

5. 各杆件或零部件拆除时，应用绳索捆扎牢固，缓慢放至地面、裙楼顶或楼面，不得抛掷脚手架上的各种材料及工具。

6. 拆下的结构件和杆件应分类堆放，并及时运出施工现场，集中清理保养，以备重复使用。

三、拆除前的准备工作

附着升降脚手架拆除作业的危险性往往大于安装搭设作业，因此，在拆除工作开始前，必须充分做好以下准备工作：

1. 制定方案

根据施工组织设计和附着升降脚手架专项施工方案，并结合拆除现场的实际情况，有针对性地编制脚手架拆除方案，对人员组织、拆除步骤、安全技术措施提出详细要求。拆除方案必须经脚手架施工单位安全、技术主管部门审批后方可实施。

2. 方案交底

方案审批后，由施工单位技术负责人和脚手架项目负责人，对操作人员进行拆除工作的安全技术交底。

3. 清理现场

拆除工作开始前，应清理架体上堆放的材料、工具和杂物，清理拆除现场周围的障碍物。

4. 人员组织

施工单位应组织足够的操作人员参加架体拆除工作。一般拆除附着升降脚手架需要 6～8 人配合操作，其中应有 1 名负责人指挥并监督检查安全操作规程的执行情况，架体上至少安排 5～6 人拆除，1 人负责拆除区域的安全警戒。

四、拆除的工艺步骤

附着升降脚手架架体的拆除工艺流程如图 9—2 所示。

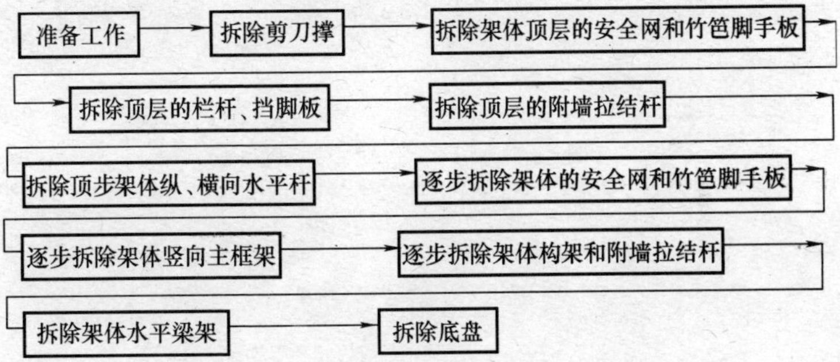

图 9—2　升降脚手架架体的拆除工艺流程图

五、附着升降脚手架拆除操作要点

1. 附着升降脚手架的拆除工作，必须按专项施工方案及安全操作规程的有关要求完成。

2. 拆除工作开展前，应由该升降脚手架项目负责人组织施工人员进行岗位职责分工，定员定岗操作，不得随意调换人员。

3. 上架施工人员应按规定佩戴各种必需的劳保用品，并正确使用。

4. 拆除过程中，架体周围应设置警戒区，并派专人监管。

5. 架体上的材料、垃圾等杂物应及时清理至楼内，严禁向下抛洒。

6. 自上而下按顺序拆除栏杆、竹笆脚手板、剪刀撑，以及纵横向水平杆。

7. 架体竖向主框架同时随架体逐层拆除，注意结构件吊运时的牢靠性，并及时收集螺栓、销等连接件。

8. 附着升降脚手架在建筑物顶层拆除时，应在架体水平梁架的底部搭设悬挑支撑平台，并有保障拆架施工人员安全操作的防护措施。按各种类型架体水平梁架的设计要求逐段拆除水平梁架、承力架及下道附着支撑结构。

第十章

附着升降系统的安装和使用

第一节　附着升降系统的安装、维护与保养

一、准备工作

各种附着升降系统的安装方法不完全相同，但在附着升降系统安装前，都应做好以下准备工作：

1. 制定方案

附着升降系统的安装与架体安装同步进行，因此在附着升降系统安装前，应根据该附着升降系统的特点，且结合该工程结构、施工条件及施工要求，编制包括架体搭设和附着升降系统安装内容的附着升降脚手架专项施工方案，并按规定办理审批手续。

2. 人员配备

附着升降系统的安装施工是技术性比较强的工作，应根据附着升降脚手架专项施工方案的要求，配备合格的专业技术人员和专业施工队伍。

3. 安全技术交底

应根据专项施工方案的要求，对有关施工人员进行安全技术交底，并且明确各岗位职责。

4. 材料、工具

根据不同的附着支撑系统，准备好所用的材料、构件和作业

工具，如锤子、扳手、钳子、线锤、水平尺、卷尺、对讲机等。

5. 使用前的检查

附着升降系统所用的各种材料、工具和设备，使用前均应进行检验，材料应具有材质单，工具和设备应具有出厂合格证，不合格产品严禁投入使用。

二、附着升降系统的安装

各种附着升降系统的结构各不相同，施工工艺也各有差异，现列举两种比较典型的附着升降系统——吊拉式附着升降系统和导轨式附着升降系统的安装工艺、施工方法及要求。

1. 吊拉式附着升降系统的安装

吊拉式附着升降系统的安装应自下而上，与架体的安装搭设同步进行。

（1）安置承力架（底盘）

按脚手架机位布置平面图，将承力架放在对应位置的地面、楼面或架体上固定好，承力架应保证在同一水平面上，相邻两个机位承力架的高差不大于 20 mm。然后安装竖向主框架和水平梁架，并搭设架体。

（2）预埋穿墙管

每个机位处应根据不同的建筑结构形式，采用不同的方式预埋安装用的穿墙管。穿墙管中心距梁底或楼板底面的距离不小于 100 mm，预埋穿墙管的中心线与机位中心线的位置偏差不大于 15 mm。并应采取有效的措施防止水泥砂浆堵塞预埋管。

（3）安装下拉杆（承力架拉杆）

拉杆的下端与承力架连接，上端通过耳板座和穿墙螺栓与墙体连接。穿墙螺栓穿过预埋穿墙管，并用双螺母紧固。安装后应同时收紧双拉杆。

（4）安装下道防倾覆装置

在每个机位架体竖向主框架 1～2 步的立杆上，安装下道防倾覆导轨。安装时导轨上面的抱箍应尽可能靠近结构节点处安装，拧紧螺母，外露螺纹抹黄油。然后将滑杆穿入导轨，并用穿墙螺栓固定在墙体上。

（5）安装悬挑梁

将悬挑梁及上拉杆（悬挑梁拉杆）通过穿墙螺栓固定在墙体上。安装前先检查每个机位的预留孔位置是否正确，有无堵塞；否则应采取补救措施，方可进行安装。安装好后应将双拉杆的松紧度调整均匀。

（6）安装电动葫芦并布置电缆线

悬挑梁安装完成后，将电动葫芦悬挂在悬挑梁下端的挂钩上，同时可布置连接电缆线。电缆线由操作台的两侧按顺、逆时针两个方向排列，连接每个电动葫芦；并应先接通电动葫芦，再接通电气控制台，最后接通总电源箱；而后通电逐个检查并调整，使电动机的运转方向一致。

（7）安装上道防倾覆装置

根据不同架体的设计位置，在每个机位架体竖向主框架的顶部立杆上，安装上道防倾覆导轨。导轨上面的抱箍同样应尽可能靠近结构节点处安装，再按照下滑杆的安装方式安装好上滑杆。全部安装好后，在上、下滑道和滑杆上涂抹废全损耗系统用油。

（8）安装架体同步升降及荷载监控系统

荷载监控系统与升降机构同时安装，荷载传感器悬挂在电动葫芦的下钩上，中继站悬挂布置在架体上，并通过电缆线与荷载传感器和中央显示仪相连。布线要求同电缆线的布置，每根电缆线末端的插头平时应用塑料薄膜包裹好，防止潮湿、沾上脏物。全部安装好后，应检查信号是否正常，连接是否正确。

（9）安装防坠落装置

将防坠吊杆与承力架吊杆连接牢靠，再将楔块套管式触发型防坠落装置穿过防坠吊杆，并用螺栓将其安装在悬挑梁的端部。防坠吊杆上端用铅丝悬挂在脚手架钢管上，清除防坠吊杆上的污物，涂抹废全损耗系统用油。用塑料薄膜将防坠器（防水、防混凝土等）包好，升降时取下。架体非升降期间，应将防坠器扳杆打开。

（10）安装检查及调试

附着升降系统安装完毕，应按各项安全技术要求，对附着支撑结构、升降机构、安全保护装置和电气控制系统逐项进行检查、调试，全部符合要求后方能交付使用。

2. 导轨式附着升降系统的安装

（1）安装底盘

根据方案布置底盘并搭设架体水平梁架，随着工程进度搭设上部架体，同时逐步安装附着升降系统。

（2）安装导轮

在架体的设计位置安装上、下导轮，导轮应安装在架体竖向主框架桁架的节点上，并且上、下导轮的间距应符合设计规范要求。

（3）预埋穿墙管

每个机位处应根据不同的建筑结构形式，采用不同的方式预埋安装用的穿墙管。穿墙管中心距梁底或楼板底面的距离不小于100 mm，预埋穿墙管的中心线与机位中心线的位置偏差不大于15 mm。并应采取有效措施防止水泥砂浆堵塞预埋管。

（4）安装导轨连接件

将导轨连接件（即连墙支杆、连墙支杆座和连墙挂板）用穿墙螺栓安装在建筑物上，两连墙支杆的夹角宜控制在45°～150°之间。

（5）安装导轨

将第一根导轨插入导轮与架体桁架之间，并与连墙支杆座连接（即导轨固定在墙体上），导轨底部应低于底盘1 m左右。作为架体升降同步性测量使用的导轨，应注意使每根导轨上的数字处于同一水平面，以便于今后在升降过程中测量和调整。随着架体的搭设，以第一根导轨为基准依次向上安装导轨，并应通过连墙支杆调节导轨的垂直度，将其控制在安装高度的5‰以内。

（6）安装提升机构

在架体的中部导轨上安装提升挂座，将电动葫芦的上钩挂在提升挂座上，下钩挂在竖向主框架的提升支座上。

（7）安装斜拉钢丝绳

将斜拉钢丝绳下端固定在架体竖向主框架的底部，上端通过花篮螺栓挂在连墙挂板上，并收紧钢丝绳。有的导轨式附着升降系统无此项安装内容。

（8）安装限位锁

将限位锁固定在架体竖向主框架与导轨之间，使架体的荷载通过限位锁传递到导轨及建筑物上。

（9）电气安装

搭设电控操作台，将电缆线布置到每个提升机位处，并与电动葫芦连接，应注意将电缆线留够升降所需要的长度。

（10）安装防坠落装置

将制动装置固定在架体竖向主框架的底部，传感装置与提升机构连接。

（11）安装检查

附着升降系统安装完毕，应按各项安全技术要求对附着支撑结构、升降机构、安全保护装置和电气控制系统逐项进行检查、调试，全部符合要求后方能交付验收。

三、升降机构的安装与调试

1. 电动葫芦的安装比较简单，只要将其悬挂并连接在提升挂座（或悬挑梁）与架体底盘之间。安装后要注意检查链条有无翻链、铰链现象；通电后应观察电动葫芦工作是否正常，有无异常响声；应检查并调整所有电动葫芦，使其正、反转（即上升、下降）方向一致，制动后无下滑现象。

2. 电动卷扬机的固定应牢靠，连接螺栓应紧固到位，并应有防松措施。安装后应检查钢丝绳有无打折、断丝现象，排绳是否整齐；通电后应检查所有电动卷扬机正、反转（即上升、下降）方向是否一致，制动后有无下滑现象。

3. 液压提升设备的安装，主要是液压控制台和液压千斤顶的安装，以及外接胶管、分油管路、支油管路的布置和连接。安装后要仔细检查各接头处有无漏油现象，各种油管的分布和固定要避免与架体发生干涉与碰擦，严禁架体在升降中挤压或碰撞油管。液压提升设备安装后应进行调试：

（1）若提升机构使用穿心式液压千斤顶，则将所有千斤顶接通油管，在千斤顶中间插入节状支撑杆；接通电源，按下空起按钮使电动机空载起动；松开溢流阀，按下工作按钮，调节溢流阀压力至 4～5 MPa，将转换开关旋到手动位置，试验空载升降情况；试验结果正确后，再将溢流阀调节至工作压力 8～10 MPa，用时间继电器进行进油和回油补偿，确保锁紧卡体完全打开。

（2）将转换开关旋转到自动位置上，按下上升或下降按钮，千斤顶自动上升或下降；按下停止按钮，千斤顶停止升降。

（3）将溢流阀的压力调到 12 MPa，检查各油管接头、管路是否有漏油情况。

（4）再将溢流阀压力调回到 8～10 MPa，按下上升或下降按钮，检查上升或下降工作情况。如无异常情况，则调试工作完毕。

四、安全技术要求

1. 附着支撑结构采用普通穿墙螺栓与建筑结构连接时，应使用双螺母加垫板固定，螺杆露出螺母应不少于 3 扣，垫板尺寸应根据设计确定，且不得小于 80 mm×80 mm×8 mm。

2. 当附着点采用单根穿墙螺栓锚固时，应具有防止扭转的措施。

3. 对附着支撑结构与建筑结构连接处混凝土的强度要求，

应按计算结果确定，并不得小于C10。

4. 附着支撑结构、防倾覆装置、防坠落装置等关键部件的加工件要有可追溯性标志，加工件必须进行检验。构配件出厂时，应提供出厂合格证。

5. 施工人员必须经专业技术培训，并持有效证件上岗操作。

6. 附着升降脚手架所使用的各种材料、工具和设备应有质量合格证、材质单等质量文件，使用前应按相关规定对其进行检验，不合格产品严禁投入使用。

7. 同一个升降脚手架中，同时使用的升降机构、防坠落装置以及架体同步升降及荷载监控系统应分别采用同一厂家生产的、同一种规格型号的产品。

8. 防倾覆装置在安装过程中应进行调整，使导轨的垂直度偏差不大于5‰，并且不超过60 mm。

9. 预留穿墙螺栓孔或预埋件应有效固定在建筑结构上，且垂直于结构外表面，其中心误差应小于15 mm。

10. 承力架（底盘）的安装位置，由现场施工技术人员按脚手架施工方案确定，未经方案设计人员同意，不得随意更改其安装位置。

五、附着升降系统的维护与保养

由于附着升降系统的使用环境比较差，工程施工中的水泥、砂浆、灰尘和污水随时都在污染着升降机构、附着装置和安全保护装置，若维护保养不好，将影响附着升降脚手架的使用寿命，严重时直接影响架体的使用安全。因此，必须做好附着升降系统的维护与保养工作。

1. 系统的维护与保养

(1) 使用中必须每天做好例行保养，并按说明书规定的部位、周期和润滑剂做好各部分的润滑。发生故障后，必须及时排除与维修，严禁带病作业。

（2）螺栓连接件、升降机构、防坠落装置、防倾覆装置、附着支撑装置以及同步升降及荷载监控系统等运动部位，应至少每月进行一次维护保养。

（3）长时间停机不使用时，应对各部位做润滑、防腐、防水处理，且每月检查一次。

（4）每项工程结束后，应对所有设备（包括安全装置和附着支撑装置）进行全面检查、保养与维修，结构件除锈并涂刷油漆，办理入库手续。应将上述维修保养内容记入专用表格，存档备查。

2. 电动葫芦的维护与保养

（1）电动葫芦应用塑料薄膜包封，防止水和杂物落在其上。

（2）首次使用的电动葫芦，应按照使用说明书的要求严格检查减速器是否有油，并按规定加足润滑油（脂）。

（3）电动葫芦若频繁使用，每周加一次润滑油，若断续使用，每月加一次润滑油；链条每半个月涂刷一次润滑油。

（4）严禁非专业人员拆卸修理。

（5）工程结束后，应清除机体及链条上的砂浆和泥垢，链条及外露部件涂刷润滑油，存放在干燥、通风处，长期不用应装箱保存。

3. 电动卷扬机的维护与保养

（1）卷扬机传动部分应设有可靠的安全罩，并保持完好无损。

（2）应经常检查机械传动部分工作是否正常，制动器是否灵敏、可靠，润滑情况是否良好，密封处有无漏油等，发现异常应及时处理。

（3）制动瓦与制动轮的接触面积不应少于80%，间隙为0.6～0.8 mm；制动带磨损量不得超过50%，铆钉不得与制动轮面接触，否则应予更换。

（4）班前应检查钢丝绳是否正常，若发现钢丝绳有断丝、凹点、绳结或锈蚀的情况，应根据钢丝绳报废标准确定是否需要更换。

（5）应保持卷扬机的清洁，特别是卷筒和钢丝绳部分应采取有效的防护措施，防止污水或砂石污染、磨损钢丝绳。

（6）钢丝绳应定期涂钢丝绳油，涂前用煤油洗去原有油污，钢丝绳油应在80℃温度下涂抹。

（7）应定期检查减速器油量，工作 1 000 h 后应进行一次清洗，并重新加注润滑油。润滑油冬季采用 HL-20 齿轮油，夏季采用 HL-30 齿轮油。

4. 附着支撑结构及安全保护装置的维护与保养

（1）可调拉杆的螺纹表面每月润滑一次，外露的螺纹表面应用塑料薄膜包扎严密，以防砂浆和泥水落在其上，锈蚀后无法使用。

（2）每次浇筑混凝土后，应及时清理防倾覆装置（如导轨、导轮等）表面的杂物，以便防倾覆装置顺利运行。

（3）防倾覆装置和防坠落装置的运动配合部位要保持清洁，定期加油润滑，并保持杠杆部分或联动机构运动自如。

（4）防坠落装置和同步升降及荷载监控系统中，安装在架体上的部件应用塑料薄膜包扎好，以防污水和杂物的污染。

（5）结构件各部位应能排水，如有积水处，应在不影响结构使用强度的前提下开孔排水。

（6）附着支撑结构的零部件在一个工程结束后，应清除砂浆和锈迹，矫形补强，修复螺纹，涂刷面漆，并分类堆放在干燥处。

5. 电气控制系统的维护与保养

（1）电气控制系统的维护保养必须由专业电工来完成。

（2）电控柜或操作台要防水、防潮、防止剧烈振动和冲击碰撞。

（3）电缆线的布置要让开操作人员的行走路线，在架体上安装应悬挂在脚手板的下方，接头处应用防水绝缘带包扎。

（4）每次操作前，应清扫操作台上的尘土，检查配电箱内交流接触器、开关、熔断器、各种继电器、指示灯以及接线端子的紧固情况，如有松动应立即上紧，如发现损坏应立即更换。巡回检查各电动机及电缆线，做到及时包扎或更换。

（5）经常检查上述元器件的触头，如有烧损的地方，应用细锉磨光修复，保持触头清洁平滑。

（6）插头、插座要保持干燥，若受潮或被水淋湿，未损坏的可用电吹风吹干以后继续使用，损坏的应立即更换。

（7）每次操作结束后，应清扫操作台及电气箱上的灰尘，盖好防护罩，严防渗漏雨水造成短路。

（8）每使用一个工程周期后，应更换受损的接触器、控制开关和各种电表以及电缆线。

6. 主要零部件的报废

（1）吊钩禁止补焊，出现以下情况即应报废：裂纹；危险断面磨损达原尺寸的10%；开口度比原尺寸增加15%；扭转变形超过10%；危险断面或吊钩颈部产生塑性变形。

（2）焊接环链条出现以下情况即应报废：裂纹；链环直径磨损达原直径的10%；链条发生塑性变形，伸长量达原长度的5%。

（3）卷筒出现以下情况即应报废：裂纹；筒壁磨损达原壁厚的10%。

（4）金属滑轮出现以下情况即应报废：裂纹；轮槽不均匀磨损达3 mm；轮槽壁厚磨损达原壁厚的20%；因磨损使轮槽底部直径减少量达钢丝绳直径的50%；其他损害钢丝绳的缺陷。

（5）钢丝绳的报废应按GB/T 5972—2009《起重机　钢丝绳　保养、维护、安装、检验和报》执行。

第二节　附着升降脚手架的升降运行

一、准备工作

1. 附着升降脚手架在每次升降前，应根据专项施工组织设计或脚手架施工方案并结合施工现场实际情况，对施工人员进行安全技术交底。

2. 升降运行前应全面检查是否达到以下要求：

(1) 工程结构混凝土强度应达到附着支撑对其附加荷载的要求（不小于 C10）。

(2) 升降工况下的附着支撑装置安装质量应符合设计规定，严禁少装附着固定连接螺栓和使用不合格螺栓。

(3) 下一层预埋穿墙螺栓孔的埋设符合脚手架施工方案的要求。

(4) 架体结构牢靠，螺栓拧紧。

(5) 各项安全保护装置全部检验合格；防倾覆装置安装牢靠；导轨垂直度符合要求。

(6) 电源、电缆及控制柜等的设置符合用电安全的有关规定；控制柜与升降机构的连线正确；供电正常，控制有效；电缆线的长度满足升降一层的需要。

(7) 升降机构工作正常；电动葫芦无翻链、铰链现象。

(8) 同步升降及荷载控制系统的设置和试运行效果符合设计要求。

(9) 各种安全防护设施齐备并符合设计要求。

(10) 架体与墙体之间的障碍物全部清除；架体所有约束解除。

(11) 各岗位施工人员已落实，责任到人。

（12）附着升降脚手架应设置必要的消防设施及照明设施。

二、脚手架提升工艺

各种附着升降脚手架的升降工艺各不相同，但每种升降脚手架的提升工艺和下降工艺基本相同，现列举两种有代表性的升降脚手架——吊拉式附着升降脚手架和导轨式附着升降脚手架的提升工艺。

1. 吊拉式附着升降脚手架提升工艺

（1）登架施工的作业人员撤离架体，清除架体上的施工材料和设备，吊离插入架体的进出料平台。

（2）检查外墙面有无钢筋、模板、支模架及其他外挑结构，有碍架体提升的应排除。

（3）检查电控操作台上各开关、按钮、指示灯是否正常，电缆线各处插件连接是否可靠，升降机构动作是否灵敏，电动葫芦钩头运行方向是否与操作台指示方向一致。

（4）逐台开动电动葫芦，使吊钩均匀承力；检查链条是否扭曲、打结；电缆线应自由垂挂，既不得接触到链条，也不得挂、钩钢管、扣件等。

（5）按顺序先后拆除下拉杆、附墙拉结杆，翻开架体与建筑物之间的防护安全网和防护板并固定。

（6）放下防坠落装置的扳杆，挂好脱钩机构，打开所有悬挑梁端部防坠落装置的卡爪，使防坠落装置处于“开启状态”。

（7）起动架体整体提升，观察各机位升降机构和安全装置工作是否正常，提升 50～80 mm 后停机，检查各处是否正常，有故障应及时排除。

（8）继续运行到位。

（9）提升到位后，调整整个架体的水平度，控制各机位高度差在 30 mm 以内。

（10）松开防坠落装置的脱钩机构，使卡爪夹紧防坠吊杆，防坠落装置处于“闭锁”状态。用塑料薄膜包扎防坠落装置和电动机，以防止雨水和混凝土、砂浆污染，使机构正常使用。

（11）在每一个机位处安装架体底部和顶部的附墙拉结杆。

（12）拉结架体顶部与施工层楼面的安全网，翻下架体底部的防护板，封闭脚手架上、下部与墙体之间的空隙。

（13）安装下拉杆，紧固穿墙螺栓、垫片及双螺母，调节花篮螺栓，使两根下拉杆受载均衡。

（14）对提升后的架体全面检查，并办理交接使用手续。

（15）将悬挑梁、防坠落装置、上拉杆和防倾覆装置分别移位安装在上一层预埋孔处，两根上拉杆应调整为均匀受力，悬挑梁与墙面应垂直，做好下一次提升的准备。

2. 导轨式附着升降脚手架提升工艺

（1）以同一水平位置的导轮为基准，记下该导轮所对应的导轨上的孔位或数字，确定第一次提升距离（500 mm 左右）。

（2）拆除架体与墙体之间的防护，拆除架体附墙拉结杆。

（3）收紧电动葫芦吊钩，拆除斜拉钢丝绳和限位销。

（4）起动电动葫芦，脚手架沿导轨平稳上升，升至预定的第一次提升位置后停机，检查各处有无障碍，机构工作是否正常，发现问题应及时处理。

（5）架体继续提升到位。在提升过程中应注意观察各提升点的同步性，当高差超过一个孔位时，应停机调整。

（6）将斜拉钢丝绳挂在上一层连墙挂板上并收紧，用限位锁锁住导轨和架体，使限位锁和斜拉钢丝绳同时受力。

（7）做好架体底部和里口的安全防护，安装各机位处的附墙拉结杆。

（8）做提升后的架体检验，办理使用交接手续。

（9）松下电动葫芦，将提升挂座连同电动葫芦移至上层导轨处安装。

（10）将下部已超出架体的导轨连同导轨固定装置（连墙挂

板、连墙支杆、连墙支杆座）移装到架体顶部，准备下次提升。

三、升降运行后的检验

附着升降脚手架升降到位后，应按照使用工况的要求完成架体固定。在办理交付使用手续之前，必须通过以下项目检验：

1. 附着支撑结构和架体已按使用状况下的设计要求固定完毕；所有螺栓连接处已拧紧；各承力杆件预紧程度应一致。

2. 架体各处接头无松动。

3. 附着支撑结构与墙体连接点处的混凝土强度不小于 C10。

4. 架体所有安全防护已齐备，无破损和缺陷。

5. 其他必要的检查项目。

架体升降到位后，还应按 JGJ 59—1999《建筑施工安全检查标准》的要求进行检验。

四、安全操作规程

1. 负责脚手架升降的施工人员必须经专业技术培训，并持有效证件上岗操作。

2. 整体附着升降脚手架的控制中心应指定专人负责操作，禁止其他人员操作。

3. 严格执行升降作业的程序规定和技术要求。

4. 严格控制并确保架体上的荷载符合“升降脚手架使用说明书”的规定。

5. 升降前，所有妨碍架体升降的障碍物必须拆除；所有升降作业要求解除的约束必须拆开。

6. 升降中，严禁操作人员停留在架体上，特殊情况确实需要登架的，必须采取有效的安全防护措施，并由建筑安全监督部门审查后方可实施。

7. 正在升降的脚手架下方应设置安全警戒线，严禁有人进入，并设专人负责监护。

8. 严格按设计规定控制各提升点的同步性，相邻提升点间的高差不得大于 30 mm，整体架最大升降差不得大于 80 mm。

9. 升降过程中应实行统一指挥、规范指令。升降指令只能由总指挥一人下达，但遇有异常情况出现时，任何人均可立即发出停止指令。

10. 升降过程中，当某台升降机构损坏需拆下修理或更换，而该机位附着支撑结构又无法安装时，应采取安全可靠的措施，使该机位的荷载能直接传递到建筑结构上。

11. 附着升降脚手架升降到位后，必须及时按使用工况要求进行附着固定。在没有完成架体固定工作前，施工人员不得擅自离岗或下班。未办理交付使用手续的架体不得投入使用。

12. 每次升降结束后，应切断操作台的总电源，并锁好操作室门。

13. 有下列情况之一即应停止作业：

（1）出现影响安全作业的恶劣气候，如大雨、大雪、大雾、大风等。

（2）升降机构出现漏电现象。

（3）钢丝绳磨损严重、扭曲、断股、打结或出槽。

（4）钢丝绳在卷筒上爬绳、乱绳、啃绳，多层缠绕时，各层间绳索互相塞挤。

（5）采用电动葫芦出现翻链、铰链和其他影响正常运行的故障。

（6）安全保护装置失效。

（7）各传动机构或附着支撑机构出现异常现象或异常响声。

（8）竖向主框架或水平梁架部分发生变形。

（9）发生其他妨碍作业及影响安全的故障。

14. 所使用的附着升降脚手架，必须经过国家建设行政主管部门组织的鉴定，或者委托具有资格的单位进行认证。从事附着升降脚手架装拆、升降施工的单位应取得相应的施工资质证书。

15. 附着升降脚手架工程的施工单位，应当到当地建设行政主管部门办理相应的申报备案手续。

16. 附着升降脚手架组装完毕，工程项目的总承包单位，必须根据相关的技术规定和专项施工方案等有关文件的要求，组织检查验收，合格后方可进行升降作业。

附件1

建筑施工特种作业人员管理规定
(建质［2008］75号)

第一章 总则

第一条 为加强对建筑施工特种作业人员的管理，防止和减少生产安全事故，根据《安全生产许可证条例》《建筑起重机械安全监督管理规定》等法规规章，制定本规定。

第二条 建筑施工特种作业人员的考核、发证、从业和监督管理，适用本规定。

本规定所称建筑施工特种作业人员是指在房屋建筑和市政工程施工活动中，从事可能对本人、他人及周围设备设施的安全造成重大危害作业的人员。

第三条 建筑施工特种作业包括：

1. 建筑电工。
2. 建筑架子工。
3. 建筑起重信号司索工。
4. 建筑起重机械司机。
5. 建筑起重机械安装拆卸工。
6. 高处作业吊篮安装拆卸工。
7. 经省级以上人民政府建设主管部门认定的其他特种作业。

第四条 建筑施工特种作业人员必须经建设主管部门考核合格，取得建筑施工特种作业人员操作资格证书（以下简称“资格证书”），方可上岗从事相应作业。

第五条　国务院建设主管部门负责全国建筑施工特种作业人员的监督管理工作。

省、自治区、直辖市人民政府建设主管部门负责本行政区域内建筑施工特种作业人员的监督管理工作。

第二章　考核

第六条　建筑施工特种作业人员的考核发证工作，由省、自治区、直辖市人民政府建设主管部门或其委托的考核发证机构（以下简称“考核发证机关”）负责组织实施。

第七条　考核发证机关应当在办公场所公布建筑施工特种作业人员的申请条件、申请程序、工作时限、收费依据和标准等事项。

考核发证机关应当在考核前在机关网站或新闻媒体上公布考核科目、考核地点、考核时间和监督电话等事项。

第八条　申请从事建筑施工特种作业的人员，应当具备下列基本条件：

1. 年满 18 周岁且符合相关工种规定的年龄要求。

2. 经医院体检合格且无妨碍从事相应特种作业的疾病和生理缺陷。

3. 初中及以上学历。

4. 符合相应特种作业需要的其他条件。

第九条　符合本规定第八条规定的人员应当向本人户籍所在地或者从业所在地考核发证机关提出申请，并提交相关证明材料。

第十条　考核发证机关应当自收到申请人提交的申请材料之日起 5 个工作日内依法作出受理或者不予受理的决定。

对于受理的申请，考核发证机关应当及时向申请人核发准考证。

第十一条　建筑施工特种作业人员的考核内容应当包括安全

技术理论和实际操作。

考核大纲由国务院建设主管部门制定。

第十二条　考核发证机关应当自考核结束之日起 10 个工作日内公布考核成绩。

第十三条　考核发证机关对于考核合格的，应当自考核结果公布之日起 10 个工作日内颁发资格证书；对于考核不合格的，应当通知申请人并说明理由。

第十四条　资格证书应当采用国务院建设主管部门规定的统一样式，由考核发证机关编号后签发。资格证书在全国通用。

第三章　从业

第十五条　持有资格证书的人员，应当受聘于建筑施工企业或者建筑起重机械出租单位（以下简称用人单位），方可从事相应的特种作业。

第十六条　用人单位对于首次取得资格证书的人员，应当在其正式上岗前安排不少于 3 个月的实习操作。

第十七条　建筑施工特种作业人员应当严格按照安全技术标准、规范和规程进行作业，正确佩戴和使用安全防护用品，并按规定对作业工具和设备进行维护保养。

建筑施工特种作业人员应当参加年度安全教育培训或者继续教育，每年的培训时间不得少于 24 h。

第十八条　在施工中发生危及人身安全的紧急情况时，建筑施工特种作业人员有权立即停止作业或者撤离危险区域，并向施工现场专职安全生产管理人员和项目负责人报告。

第十九条　用人单位应当履行下列职责：

1. 与持有效资格证书的特种作业人员订立劳动合同。

2. 制定并落实本单位特种作业安全操作规程和有关安全管理制度。

3. 书面告知特种作业人员违章操作的危害。

4. 向特种作业人员提供齐全、合格的安全防护用品和安全的作业条件。

5. 按规定组织特种作业人员参加年度安全教育培训或者继续教育，每年的培训时间不少于24 h。

6. 建立本单位特种作业人员管理档案。

7. 查处特种作业人员违章行为并记录在档。

8. 法律法规及有关规定明确的其他职责。

第二十条　任何单位和个人不得非法涂改、倒卖、出租、出借或者以其他形式转让资格证书。

第二十一条　建筑施工特种作业人员变动工作单位，任何单位和个人不得以任何理由非法扣押其资格证书。

第四章　延期复核

第二十二条　资格证书有效期为两年。有效期满需要延期的，建筑施工特种作业人员应当在期满前3个月内，向原考核发证机关申请办理延期复核手续。延期复核合格的，资格证书有效期延期两年。

第二十三条　建筑施工特种作业人员申请延期复核，应当提交下列材料：

1. 身份证（原件和复印件）。

2. 体检合格证明。

3. 年度安全教育培训证明或者继续教育证明。

4. 用人单位出具的特种作业人员管理档案记录。

5. 考核发证机关规定提交的其他资料。

第二十四条　建筑施工特种作业人员在资格证书有效期内，有下列情形之一的，延期复核结果为不合格。

1. 超过相关工种规定年龄要求的。

2. 身体健康状况不再适应相应特种作业岗位的。

3. 对生产安全事故负有责任的。

4. 两年内违章操作记录达3次（含3次）以上的。

5. 未按规定参加年度安全教育培训或者继续教育的。

6. 考核发证机关规定的其他情形。

第二十五条　考核发证机关在收到建筑施工特种作业人员提交的延期复核资料后，应当根据以下情况分别作出处理：

1. 对于属于本规定第二十四条情形之一的，自收到延期复核资料之日起5个工作日内，作出不予延期决定，并说明理由。

2. 对于提交资料齐全且无本规定第二十四条情形的，自受理之日起10个工作日内办理准予延期复核手续，并在证书上注明延期复核合格，并加盖延期复核专用章。

第二十六条　考核发证机关应当在资格证书有效期满前按本规定第二十五条作出决定；逾期未作出决定的，视为延期复核合格。

第五章　监督管理

第二十七条　考核发证机关应当制定建筑施工特种作业人员考核发证管理制度，建立本地区建筑施工特种作业人员档案。

县级以上地方人民政府建设主管部门应当监督检查建筑施工特种作业人员从业活动，查处违章作业行为并记录在档。

第二十八条　考核发证机关应当在每年年底向国务院建设主管部门报送建筑施工特种作业人员考核发证和延期复核情况的年度统计信息资料。

第二十九条　有下列情形之一的，考核发证机关应当撤销资格证书：

1. 持证人弄虚作假骗取资格证书或者办理延期复核手续的。

2. 考核发证机关工作人员违法核发资格证书的。

3. 考核发证机关规定应当撤销资格证书的其他情形。

第三十条　有下列情形之一的，考核发证机关应当注销资格证书：

1. 依法不予延期的。

2. 持证人逾期未申请办理延期复核手续的。

3. 持证人死亡或者不具有完全民事行为能力的。

4. 考核发证机关规定应当注销的其他情形。

第六章　附则

第三十一条　省、自治区、直辖市人民政府建设主管部门可结合本地区实际情况制定实施细则，并报国务院建设主管部门备案。

第三十二条　本办法自 2008 年 6 月 1 日起施行。

附件 2

建筑架子工（附着升降脚手架）安全技术考核大纲（试行）

1　安全技术理论

1.1　安全生产基本知识

1.1.1　了解建筑安全生产法律法规和规章制度

1.1.2　熟悉有关特种作业人员的管理制度

1.1.3　掌握从业人员的权利义务和法律责任

1.1.4　熟悉高处作业的安全知识

1.1.5　掌握安全防护用品的使用

1.1.6　熟悉安全标志、安全色的基本知识

1.1.7　了解施工现场消防知识

1.1.8　了解现场急救知识

1.1.9　熟悉施工现场安全用电基本知识

1.2　专业基础知识

1.2.1　熟悉力学基本知识

1.2.2　了解电工基础知识

1.2.3　了解机械基础知识

1.2.4　了解液压基础知识

1.2.5　了解钢结构基础知识

1.2.6　了解起重吊装基本知识

1.3　专业技术理论

1.3.1 了解附着升降脚手架专项施工方案的主要内容

1.3.2 熟悉脚手架的种类、形式

1.3.3 熟悉附着升降脚手架的类型和结构

1.3.4 熟悉各种类型附着升降脚手架的基本构造、工作原理和基本技术参数

1.3.5 掌握各种附着升降脚手架安全装置的构造、工作原理

1.3.6 掌握附着升降脚手架的搭设、拆卸、升降作业安全操作规程

1.3.7 熟悉升降机构及控制柜的工作原理

1.3.8 掌握附着升降脚手架升降机构及安全装置的维护保养及调试

1.3.9 熟悉附着升降脚手架的验收内容和方法

1.3.10 了解附着升降脚手架的常见事故原因及处置方法

2 安全操作技能

2.1 掌握附着升降脚手架的搭设、拆除方法

2.2 掌握附着升降脚手架提升和下降及提升和下降前、后的操作内容、方法

2.3 掌握附着升降脚手架提升和下降过程中的监控方法

2.4 掌握附着升降脚手架升降机构及安全装置的常见故障判断及处置方法

2.5 掌握附着升降脚手架架体的防护和加固方法

2.6 掌握紧急情况的处置方法

附件3

建筑架子工（附着升降脚手架）安全操作技能考核标准（试行）

1　附着升降脚手架现场安装、升降作业

1.1　考核场地、设施

1. 具备搭设附着升降脚手架条件的场地。

2. 具备搭设附着升降脚手架条件的建筑物或构筑物。

1.2　考核料具

1. 钢管：规格 ϕ48 mm×3.5 mm，长度 6 m、5 m、4 m、3 m、2 m、1.2 m 若干（其中包含不合格品）。

2. 扣件：直角扣件、旋转扣件、对接扣件、防滑扣件若干（其中包含不合格品）。

3. 设备：三套升降机构（动力设备为电动葫芦）、便携式控制箱。

4. 水平梁（桁）架、竖向主框架及配件。

5. 方木、脚手板、挡脚板、密目式安全网、安全平网、系绳、铁丝若干。

6. 工具：钢卷尺、扳手、小钢锯、水平尺、线锤、钢丝钳、计时器等。

7. 个人安全防护用品。

1.3　考核方法

A　三套升降机构的附着升降脚手架安装

每次3组、每4位考生一组，3组共同按照图1搭设带有转角、三套升降机构的附着升降脚手架。上部为扣件式钢管脚手架，长8跨、高2～5步。

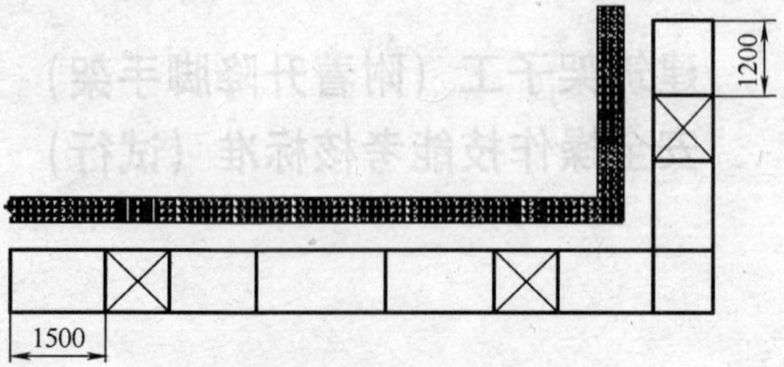

图1　架体搭设平面布置示意图

B　升降作业

每次3组、每4位考生一组，每组负责一个机位，操作三套升降机构的升降作业。

1.4　考核时间：100 min。具体可根据实际考核情况调整。

1.5　考核评分标准

A　三套升降机构的附着升降脚手架安装

满分80分，考核评分标准见表1。第1～12项为集体考核项目，考核得分即为每个人得分；第13项为个人考核项目。各项目所扣分数总和不得超过该项应得分值。

表1　三套升降机构的附着升降脚手架安装的考核评分标准

序号	项　目	扣分标准	应得分值
1	材料选用	使用不合格的钢管、扣件的，每件扣2分	4
2	水平梁（桁）架、竖向主框架安装	水平梁（桁）架及竖向主框架，在两相邻附着支撑结构处的高差超过规定值的，每处扣2分。竖向主框架和防倾覆装置的垂直偏差超过规定值的，每处扣2分；使用扣件连接的，每处扣2分	8

续表

序号	项　目	扣分标准	应得分值
3	杆件间距	杆件间距尺寸偏差超过规定值的，每处扣2分	4
4	水平杆	纵向水平杆间距尺寸偏差超过规定值的，每处扣1分；设置不正确的，每处扣2分。未设置横向水平杆的，每处扣2分；设置不正确的，每处扣1分	4
5	立杆	立杆垂直度偏差超过规定值的，每处扣2分；连接不正确的，每处扣2分	4
6	操作层防护	未设置挡脚板的，扣4分；设置不正确的，每处扣2分。未设置防护栏杆的，扣4分；设置不正确的，每处扣2分。未设置脚手板的，扣8分；未满铺的，扣2～6分。未按规定进行对接或搭接的，每处扣2分；出现探头板的，扣8分	8
7	扣件拧紧力矩	随机抽查4个扣件的拧紧力矩，不符合要求的，每处扣2分	4
8	安全网	未设置首层平网、作业层平网和密目式安全网的，每项扣4分；设置不符合要求的，每处扣2分	8
9	附着支撑结构安装	穿墙螺杆松动、双螺母缺失的，每处扣4分。未设置垫板的，每处扣4分；垫板不符合要求的，每处扣2分	8
10	电动葫芦及连接件的安装	电动葫芦安装不牢固、传动部分不灵活的，每处扣2分。连接件缺损的，扣4分；使用非标准连接件的，扣4分；安装不牢固的，扣4分	12

续表

序号	项　目	扣分标准	应得分值
11	防倾覆装置安装	防倾导轨（座）变形、导轮缺损的，每处扣2分；防倾导轨（座）、导轮安装不牢的，每处扣2分	4
12	防坠落装置调试	调试不到位、动作不可靠的，每处扣4分	8
13	个人安全防护用品使用	未佩戴安全帽的，扣4分；佩戴不正确的，扣2分。高处悬空作业未系安全带的，扣4分；系挂不正确的，扣2分	4
合　计			80

B　升降作业

满分80分，考核评分标准见表2。第1～13项为集体考核项目，考核得分即为每个人得分；第14项为个人考核项目。各项目所扣分数总和不得超过该项应得分值。

表2　　　　升降作业的考核评分标准

序号	项　目		扣分标准	应得分值
1	升降前作业	连墙构件安装、检查	穿墙螺杆固定不牢、缺失螺母的，每处扣4分；未设置垫板的，每处扣4分；垫板不符合要求的，每处扣2分	8
2		电动葫芦及连接件的安装	电动葫芦传动不灵，各个电动葫芦预紧张力不均，环链铰接的，每处扣4分。连接件固定不牢、受力不均的，每处扣2分；使用非标准连接件的，每处扣2分	10

续表

序号	项目		扣分标准	应得分值
3	升降前作业	供、用电线路检查	未对供、用电线路检查的，扣4分；电缆缠绕，绑扎不牢的，每处扣2分	4
4		防倾覆装置检查	防倾覆导轨（座）固定不牢、导轮有破损的，每处扣3分	6
5		防坠落装置调试	未进行调试复位的，每处扣4分	8
6		障碍物清理	未对妨碍升降的障碍物进行清理的，每处扣2分	4
7	升降作业	相邻提升点间的高差	相邻提升点间的高差调整达不到标准要求的，扣4分	4
8		架体垂直度	架体垂直度调整达不到标准要求的，扣4分	4
9		架体与墙体距离	架体与墙体距离调整达不到标准要求的，扣4分	4
10	升降后作业	防坠落装置锁定	电动葫芦卸载前，防坠落装置未可靠锁定的，每处扣4分	8
11		防倾覆装置检查	防倾覆导轨（座）固定不牢、导轮有破损的，每处扣3分	6
12		架体加固	未按标准要求设置架体与墙体间硬拉结的，每少一处扣3分	6
13		架体与墙体间防护	架体与墙体间的封闭未恢复的，扣4分；封闭不严的，每处扣2分	4
14	个人安全防护用品使用		未佩戴安全帽的，扣4分；佩戴不正确的，扣2分。高处悬空作业时未系安全带的，扣4分；系挂不正确的，扣2分	4
			合计	80

说明：

①本考题分 A、B 两个题，即附着升降脚手架安装和升降作业，在考核时可任选一题。

②本考题也可采用液压等其他动力升降形式的附着升降脚手架，考核项目和考核评分标准由各地自行拟定。

③考核过程中，现场应设置 2 名以上的考评人员。

2　故障识别判断

2.1　考核器具

1. 设置电动葫芦卡链、防倾覆装置出轨等故障。

2. 其他器具：计时器 1 个。

2.2　考核方法

由考生识别判断电动葫芦卡链、防倾覆装置出轨等故障。对每个考生只设置两个。

2.3　考核时间：15 min。

2.4　考核评分标准

满分 10 分。在规定时间内正确识别判断的，每项得 5 分。

3　紧急情况处置

3.1　考核器具

1. 设置相邻机位不同步、突然断电等紧急情况或图示、影像资料。

2. 其他器具：计时器 1 个。

3.2　考核方法

由考生对相邻机位不同步、突然断电等紧急情况或图示、影像资料中所示的紧急情况进行描述，并口述处置方法。对每个考生设置一种。

3.3　考核时间：10 min。

3.4　考核评分标准

满分 10 分。在规定时间内对存在的问题描述正确，并正确叙述处置方法的，得 10 分；对存在的问题描述正确，但未能正确叙述处置方法的，得 5 分。

附件 4

建筑施工附着升降脚手架管理暂行规定
（建建［2000］230 号）

第一章 总则

第一条 为贯彻“安全第一，预防为主”的方针和《中华人民共和国建筑法》，加强建筑施工附着升降脚手架（以下简称“附着升降脚手架”）的管理，保证施工安全，制定本规定。

第二条 本规定适用于在高层、超高层建筑工程结构上使用的由不同形式的架体、附着支撑结构、升降设备和升降方式组成的各类附着升降脚手架。

第三条 各类附着升降脚手架的设计、制作、安装、使用和拆卸都必须执行本规定，并应遵守相关现行国家和行业的规程、规范、标准和规定。

第四条 建设部对附着升降脚手架实行统一管理。各省、自治区和直辖市的建设行政主管部门对本辖区内附着升降脚手架实施监督管理。

第二章 设计计算

第五条 附着升降脚手架的设计应执行本规定和《建筑结构荷载规范》（GBJ 9）、《钢结构设计规范》（GBJ 17）、《冷弯薄壁型钢结构技术规范》（GBJ 18）、《混凝土结构设计规范》（GBJ 10）、《编制建筑施工脚手架安全技术标准的统一规定》（修订稿），以及其他有关标准。

第六条　附着升降脚手架的架体结构和附着支撑结构应按“概率极限状态法”进行设计计算，承载力设计表达式为：

$$\gamma_0 S \leqslant R$$

式中　γ_0——结构重要性系数，取0.9；

S——荷载效应；

R——结构抗力。

第七条　附着升降脚手架升降结构中的升降动力设备、吊具、索具，按“容许应力设计法”进行设计计算，执行本规定和有关起重吊装的现行规范，计算表达式为：

$$\sigma \leqslant [\sigma]$$

式中　σ——设计应力；

$[\sigma]$——容许应力。

第八条　附着升降脚手架的各组成部分应按其结构形式、工作状态和受力情况，分别确定在使用、升降和坠落三种不同状况下的计算简图，并按最不利情况进行计算和验算。必要时应通过整体模型试验验证脚手架架体结构的设计承载能力。

第九条　在附着升降脚手架的设计中，荷载标准值应分使用、升降及坠落三种状况，按以下规定分别确定：

1. 恒载标准值 G_k

包括架体结构、围护设施、作业层设施，以及固定于架体结构上的升降机构和其他设备、装置的自重，其值可按现行《建筑结构荷载规范》（GBJ 9）附录一确定。对于木脚手板及竹串片脚手板，取自重标准值为0.35 kN/m^2。

2. 施工活荷载标准值 Q_k

包括施工人员、材料及施工机具等自重；可按施工设计确定的控制荷载采用，但其取值不得小于以下规定：

（1）结构施工按二层同时作业计算，使用状况时按每层3 kN/m^{2}计算，升降及坠落状况时按每层0.5 kN/m^{2}计算。

（2）装修施工按三层同时作业计算，使用状况时按每层

2 kN/m^{2}计算，升降及坠落状况时按每层0.5 kN/m^{2}计算。

3. 风荷载标准值W_k

$$W_k = k\mu_s\mu_z W_o$$

式中 k——风压折减系数，在取当地基本风压值时，取0.7；

μ_s——脚手架风荷载体型系数，按表1选用；

μ_z——风压高度变化系数，按现行的《建筑结构荷载规范》（GBJ 9）的规定取用；

W_o——基本风压值，使用状况下按现行的《建筑结构荷载规范》（GBJ 9）的规定取用，升降及坠落状况可取0.25 kN/m^2。

表1　　脚手架风荷载体型系数

背靠建筑物状况	全封闭	敞开、开洞
μ_s	1.0Φ	1.3Φ

注：表中Φ为脚手架封闭情况确定的挡风系数，Φ=脚手架挡风面积/脚手架迎风面积。当用彩条布做脚手架围挡时，取Φ=1.0。

第十条　附着升降脚手架各组成部分的设计，应按表2的规定计入相应的荷载计算系数。

表2　　荷载计算系数

<table>
<tr><th colspan="2" rowspan="2">设计项目</th><th colspan="2">应计入的计算系数</th><th rowspan="2">设计方法</th></tr>
<tr><th>使用工况</th><th>升降及坠落工况</th></tr>
<tr><td rowspan="3">架体结构</td><td>构架</td><td>$(\gamma_G\gamma_Q\phi)$，γ'_m</td><td>—</td><td rowspan="5">概率极限状态法</td></tr>
<tr><td>竖向主框架</td><td rowspan="4">γ_1 $(\gamma_G\gamma_Q\phi)$</td><td rowspan="4">γ_2 $(\gamma_G\gamma_Q\phi)$</td></tr>
<tr><td>水平梁架</td></tr>
<tr><td colspan="2">附着支撑结构</td></tr>
<tr><td colspan="2">防倾覆、防坠落装置</td></tr>
<tr><td colspan="2">升降动力设备</td><td>—</td><td>γ_2</td><td rowspan="2">容许应力法</td></tr>
<tr><td colspan="2">索具、吊具</td><td>γ_1</td><td>γ_2</td></tr>
</table>

表中 γ_G——永久荷载分项系数，一般取 1.2，但当有利于抗倾覆验算时，取 0.9；

γ_Q——可变荷载分项系数，取 1.4；

ϕ——可变荷载组合系数，取 0.85；

γ'_m——结构抗力调整系数，按《编制建筑施工脚手架安全技术标准的统一规定》（修订稿）确定；

γ_1、γ_2——荷载变化系数，$\gamma_1=1.3$，$\gamma_2=2.0$。

第十一条 采用“概率极限状态”设计时，按承载力极限状态设计的计算荷载，取荷载的设计值；按使用极限状态设计的计算荷载，取荷载的标准值。

第十二条 索具、吊具按表 2 的规定进行设计计算时，其安全系数的取值参照相关的设计规范确定，但升降机构中使用的索具、吊具的安全系数不得小于 6.0。

第十三条 对于升降动力设备，其容许荷载的取值参照相关的设计规范确定，当无规定时可取其额定荷载。

第十四条 螺栓连接强度的设计值应按表 3 取用。

表 3　　螺栓连接强度设计值　　MPa

钢号	抗拉强度 f_t^b	抗剪强度 f_v^b
Q235	170	130

第十五条 受压构件的长细比应不大于 150。

受弯构件的容许挠度应不超过表 4 规定的允许值。

表 4　　受弯构件的容许挠度值

构件类别	容许挠度
大横杆、小横杆	$L/150$
水平支撑结构	$L/200$
其他受弯构件	$L/300$

第十六条　附着升降脚手架架体的脚手架构件部分的设计，执行《编制建筑施工脚手架安全技术标准的统一规定》（修订稿）。

第十七条　附着支撑结构的平面布置，必须依据安全要求和工程情况审慎设计，避免出现超过其设计承载能力的工作状态。

第三章　构造与装置

第十八条　附着升降脚手架的架体尺寸应符合以下规定：

1. 架体高度不应大于5倍楼层高。

2. 架体宽度不应大于1.2 m。

3. 直线布置的架体支撑跨度不应大于8 m，折线或曲线布置的架体支撑跨度不应大于5.4 m。

4. 整体式附着升降脚手架架体的悬挑长度，不得大于1/2水平支撑跨度和3 m。单片式附着升降脚手架架体的悬挑长度，不应大于1/4水平支撑跨度。

5. 升降和使用工况下，架体悬臂高度均不应大于6.0 m和2/5架体高度。

6. 架体全高与支撑跨度的乘积不应大于110 m^2。

第十九条　附着升降脚手架，应具有足够强度和适当刚度的架体结构；应具有安全可靠的，能够适应工程结构特点的附着支撑结构；应具有安全可靠的防倾覆装置、防坠落装置；应具有保证架体同步升降和监控升降荷载的控制系统；应具有可靠的升降动力设备；应设置有效的安全防护，以确保架体上操作人员的安全，并防止架体上的物料坠落伤人。

第二十条　附着升降脚手架的架体结构应符合以下规定：

1. 架体必须在附着支撑部位沿全高设置定型加强的竖向主框架，竖向主框架应采用焊接或螺栓连接的片式框架或格构式结构，并能与水平梁架和架体构架整体作用，且不得使用钢管扣件或碗扣架等脚手架杆件组装。竖向主框架与附着支撑结构之间的导向构造，不得采用钢管扣件、碗扣架或其他普通脚手架连接方式。

2. 架体水平梁架应满足承载和与其余架体整体作用的要求，采用焊接或螺栓连接的定型桁架梁式结构；当用定型桁架构件不能连续设置时，局部可采用脚手架杆件进行连接，但其长度不得大于2 m，并且必须采取加强措施，确保其连接刚度和强度不低于桁架梁式结构。主框架、水平梁架的各节点中，各杆件的轴线应汇交于一点。

3. 架体外立面必须沿全高设置剪刀撑，剪刀撑跨度不得大于6.0 m；其水平夹角为45°～60°，并应将竖向主框架、架体水平梁架和构架连成一体。

4. 悬挑端应以竖向主框架为中心成对设置对称斜拉杆，其水平夹角应不小于45°。

5. 单片式附着升降脚手架必须采用直线形架体。

第二十一条　架体结构在以下部位应采取可靠的加强构造措施：

1. 与附着支撑结构的连接处。

2. 架体上升降机构的设置处。

3. 架体上防倾覆、防坠落装置的设置处。

4. 架体吊拉点设置处。

5. 架体平面的转角处。

6. 架体因碰到塔吊、施工电梯、物料平台等设施而需要断开或开洞处。

7. 其他有加强要求的部位。

第二十二条　物料平台必须将其荷载独立传递给工程结构。在使用工况下，应有可靠措施保证物料平台荷载不传递给架体。物料平台所在跨的附着升降脚手架应单独升降，并应采取加强措施。

第二十三条　附着支撑结构必须满足附着升降脚手架在各种工况下的支撑、防倾覆和防坠落的承力要求，其设置和构造应符合以下规定：

1. 附着支撑结构采用普通穿墙螺栓与工程结构连接时，应采用双螺母固定，螺杆露出螺母应不少于 3 扣。垫板尺寸应设计确定，且不得小于 80 mm×80 mm×8 mm。

2. 当附着点采用单根穿墙螺栓锚固时，应具有防止扭转的措施。

3. 附着构造应具有对施工误差的调整功能，以避免出现过大的安装应力和变形。

4. 位于建筑物凸出或凹进结构处的附着支撑结构应单独进行设计，确保相应工程结构和附着支撑结构的安全。

5. 在附着支撑结构与工程结构连接处混凝土的强度要求应按计算确定，并不得小于 C10。

6. 在升降和使用工况下，确保每一架体竖向主框架能够单独承受该跨全部设计荷载和倾覆作用的附着支撑构造均不得少于两套。

第二十四条　附着升降脚手架的防倾覆装置必须与竖向主框架、附着支撑结构或工程结构可靠连接，并遵守以下规定：

1. 防倾覆装置应用螺栓同竖向主框架或附着支撑结构连接，不得采用钢管扣件或碗扣。

2. 在升降和使用两种工况下，在同一竖向平面的防倾覆装置均不得少于两处，并且其最上和最下一个防倾覆支撑点之间的最小间距不得小于架体全高的 1/3。

3. 防倾覆装置的导向间隙应小于 5 mm。

第二十五条　附着升降脚手架的防坠落装置必须符合以下要求：

1. 防坠落装置应设置在竖向主框架部位，且每一竖向主框架提升设备处必须设置一个。

2. 防坠落装置必须灵敏、可靠，其制动距离对于整体式附着升降脚手架不得大于 80 mm，对于单片式附着升降脚手架不得大于150 mm。

3. 防坠落装置应有专门详细的检查方法和管理措施，以确保其工作可靠、有效。

4. 防坠落装置与提升设备必须分别设置在两套附着支撑结构上，若有一套失效，另一套必须能独立承担全部坠落荷载。

第二十六条　附着升降脚手架的升降动力设备应满足附着升降脚手架使用工作性能的要求，升降吊点超过两点时，不能使用手拉葫芦。升降动力控制台应具备相应的功能，并应符合相应的安全规程。

第二十七条　同步及荷载控制系统应通过控制各提升设备间的升降差和控制各提升设备的荷载来控制各提升设备的同步性，且应具备超载报警停机、欠载报警等功能。

第二十八条　附着升降脚手架的安全防护措施应满足以下要求：

1. 架体外侧必须用密目安全网（≥800 目/100 cm^2）围挡；密目安全网必须可靠固定在架体上。

2. 架体底层的脚手板必须铺设严密，且应用平网及密目安全网兜底。应设置架体升降时底层脚手板可折起的翻板构造，保持架体底层脚手板与建筑物表面在升降和正常使用中的间隙，防止物料坠落。

3. 在每一作业层架体外侧必须设置上、下两道防护栏杆（上杆高度1.2 m，下杆高度0.6 m）和挡脚板（高度180 mm）。

4. 单片式和中间断开的整体式附着升降脚手架，在使用工况下，其断开处必须封闭并加设栏杆；在升降工况下，架体开口处必须有可靠的防止人员及物料坠落的措施。

第二十九条　附着升降脚手架在升降过程中，必须确保升降平稳。

第四章　加工制作

第三十条　附着升降脚手架构配件的制作，必须具有完整的设计图纸、工艺文件、产品标准和产品质量检验规则；制作单位应有完善有效的质量管理体系，确保产品质量。

第三十一条　制作构配件的原、辅材料的材质及性能应符合设计要求，并按规定对其进行验证和检验。

第三十二条　加工构配件的工装、设备及工具应满足构配件制作精度的要求，并定期进行检查。工装应有设计图纸。

第三十三条　附着升降脚手架构配件的加工工艺，应符合现行有关标准的相应规定，所用的螺栓连接件，严禁采用板牙套螺纹或螺纹锥攻螺纹。

第三十四条　附着升降脚手架构配件应按照工艺要求及检验规则进行检验。对附着支撑结构、防倾覆和防坠落装置等关键部件的加工件要有可追溯性标识，加工件必须进行100%检验。构配件出厂时，应提供出厂合格证。

第五章　安装、使用和拆卸

第三十五条　使用前，应根据工程结构特点、施工环境、条件及施工要求编制“附着升降脚手架专项施工组织设计”，并根据本规定有关要求办理使用手续，备齐相关文件资料。

第三十六条　施工人员必须经过专项培训。

第三十七条　组装前，应根据专项施工组织设计要求，配备合格人员，明确岗位职责，并对有关施工人员进行安全技术交底。

第三十八条　附着升降脚手架所用各种材料、工具和设备应具有质量合格证、材质单等质量文件。使用前应按相关规定对其进行检验，不合格产品严禁投入使用。

第三十九条　附着升降脚手架在每次升降以及拆卸前应根据专项施工组织设计要求对施工人员进行安全技术交底。

第四十条　整体式附着升降脚手架的控制中心应设专人负责操作，禁止其他人员操作。

第四十一条　附着升降脚手架在首层组装前应设置安装平

台，安装平台应有保障施工人员安全的防护设施，安装平台的水平精度和承载能力应满足架体安装的要求。

第四十二条　附着升降脚手架的安装应符合以下规定：

1. 水平梁架及竖向主框架在两相邻附着支撑结构处的高差应不大于 20 mm。

2. 竖向主框架和防倾覆导向装置的垂直偏差应不大于 5‰和 60 mm。

3. 预留穿墙螺栓孔和预埋件应垂直于工程结构外表面，其中心误差应小于 15 mm。

第四十三条　附着升降脚手架组装完毕，必须进行以下检查，合格后方可进行升降操作：

1. 工程结构混凝土强度应达到附着支撑对其附加荷载的要求。

2. 全部附着支撑点的安装符合设计规定，严禁少装附着固定连接螺栓和使用不合格螺栓。

3. 各项安全保险装置全部检验合格。

4. 电源、电缆及控制柜等的设置符合用电安全的有关规定。

5. 升降动力设备工作正常。

6. 同步及荷载控制系统的设置和试运效果符合设计要求。

7. 架体结构中采用普通脚手架杆件搭设的部分，其搭设质量应达到要求。

8. 各种安全防护设施齐备并符合设计要求。

9. 各岗位施工人员已落实。

10. 附着升降脚手架施工区域应有防雷措施。

11. 附着升降脚手架应设置必要的消防及照明设施。

12. 同时使用的升降动力设备、同步与荷载控制系统及防坠落装置等专项设备，应分别采用同一厂家、同一规格型号的产品。

13. 动力设备、控制设备、防坠落装置等应有防雨、防砸、防尘等措施。

14. 其他需要检查的项目。

第四十四条　附着升降脚手架的升降操作必须遵守以下规定：

1. 严格执行升降作业的程序规定和技术要求。

2. 严格控制并确保架体上的荷载符合设计规定。

3. 所有妨碍架体升降的障碍物必须拆除。

4. 所有升降作业要求解除的约束必须拆开。

5. 严禁操作人员停留在架体上，特殊情况确实需要上人的，必须采取有效安全防护措施，并由建筑安全监督机构审查后方可实施。

6. 应设置安全警戒线，正在升降的脚手架下部严禁有人进入，并设专人负责监护。

7. 严格按设计规定控制各提升点的同步性，相邻提升点间的高差不得大于 30 mm，整体架最大升降差不得大于 80 mm。

8. 升降过程中应实行统一指挥、规范指令。升、降指令只能由总指挥一人下达，但当有异常情况出现时，任何人均可立即发出停止指令。

9. 采用环链葫芦作为升降动力的，应严密监视其运行情况，及时发现、解决可能出现的翻链、铰链和其他影响正常运行的故障。

10. 附着升降脚手架升降到位后，必须及时按使用状况要求进行附着固定。在没有完成架体固定工作前，施工人员不得擅自离岗或下班。未办交付使用手续的，不得投入使用。

第四十五条　附着升降脚手架升降到位架体固定后，办理交付使用手续前，必须通过以下检查项目：

1. 附着支撑和架体已按使用状况下的设计要求固定完毕，所有螺栓连接处已拧紧，各承力件预紧程度应一致。

2. 碗扣和扣件接头无松动。

3. 所有安全防护已齐备。

4. 其他必要的检查项目。

第四十六条　附着升降脚手架的使用必须遵守其设计性能指标，不得随意扩大使用范围；架体上的施工荷载必须符合设计规定，严禁超载，严禁放置影响局部杆件安全的集中荷载，并应及时清理架体、设备及其他构配件上的建筑垃圾和杂物。

第四十七条　附着升降脚手架在使用过程中严禁进行下列作业：

1. 利用架体吊运物料。

2. 在架体上拉结吊装缆绳（索）。

3. 在架体上推车。

4. 任意拆除结构件或松动连接件。

5. 拆除或移动架体上的安全防护设施。

6. 起吊物料碰撞或扯动架体。

7. 利用架体支顶模板。

8. 使用中的物料平台与架体仍连接在一起。

9. 其他影响架体安全的作业。

第四十八条　附着升降脚手架在使用过程中，应按第四十二条的规定每月进行一次全面安全检查，不合格部位应立即改正。

第四十九条　当附着升降脚手架预计停用超过一个月时，停用前采取加固措施。

第五十条　当附着升降脚手架停用超过一个月或遇六级以上大风后复工时，必须按第四十四条的要求进行检查。

第五十一条　螺栓连接件、升降动力设备、防倾覆装置、防坠落装置、电控设备等应至少每月维护保养一次。

第五十二条　附着升降脚手架的拆卸工作，必须按专项施工组织设计及安全操作规程的有关要求进行。拆除工作前应对施工人员进行安全技术交底，拆除时应有可靠的防止人员与物料坠落的措施，严禁抛扔物料。

第五十三条　拆下的材料及设备要及时进行全面检修保养，出现以下情况之一的，必须予以报废：

1. 焊接件严重变形且无法修复或严重锈蚀。

2. 导轨、附着支撑结构件、水平梁架杆部件、竖向主框架等构件出现严重弯曲。

3. 螺栓连接件变形、磨损、锈蚀严重或螺栓损坏。

4. 弹簧件变形、失效。

5. 钢丝绳扭曲、打结、断股，磨损断丝严重，达到报废规定。

6. 其他不符合设计要求的情况。

第五十四条　遇五级（含五级）以上大风和大雨、大雪、浓雾和雷雨等恶劣天气时，禁止进行升降和拆卸作业，并应预先对架体采取加固措施。夜间禁止进行升降作业。

第六章　管理

第五十五条　建设部对从事附着升降脚手架工程的施工单位实行资质管理，未取得相应资质证书的不得施工。对附着升降脚手架实行认证制度，即所使用的附着升降脚手架必须经过国务院建设行政主管部门组织鉴定或者委托具有资格的单位进行认证。

第五十六条　附着升降脚手架工程的施工单位应当根据资质管理有关规定到当地建设行政主管部门办理相应的审查手续。

第五十七条　新研制的附着升降脚手架应符合本规定的各项技术要求，并到当地建设行政主管部门办理试用手续。经审查合格后，只可批在一个工程上试用，试用期间必须随时接受当地建设行政主管部门的指导和监督。

试用成功后，再按照第五十五条的规定取得认证资格，方可投入正式使用。

第五十八条　对已获得附着升降脚手架资质证书的施工单位实行年检管理制度，有下列情况之一者，一律注销资质证书。

1. 使用与资质证书中名称和型号不一致的附着升降脚手架。

2. 有出借、出租资质证书，转包行为。

3. 严重违反本规定，多次整改仍不合格。

4. 发生一次死亡 3 人以上重大事故或事故累计死亡达 3 人以上。

第五十九条　异地使用附着升降脚手架的，使用前应向当地建设行政主管部门或建筑安全监督机构办理备案手续，接受其监督管理。

第六十条　工程项目的总承包单位必须对施工现场的安全工作实行统一监督管理，对使用的附着升降脚手架要进行监督检查，发现问题，及时采取解决措施。

附着升降脚手架组装完毕，总承包单位必须根据本规定以及施工组织设计等有关文件的要求进行检查，验收合格后，方可进行升降作业。分包单位对附着升降脚手架的使用安全负责。

第六十一条　附着升降脚手架发生重大事故后，应当严格保护事故现场，采取有效措施防止事故扩大和组织抢救工作，并立即向当地建设行政主管部门和有关部门报告。抢救人员需移动现场物件时，应做出标志，绘制现场简图并做出书面记录，保存现场重要痕迹、物证，有条件的应拍照或录像。

第六十二条　各级建设行政主管部门或建筑安全监督机构应当加强对附着升降脚手架工程的监督检查，确保安全生产。

第六十三条　本规定由建设部建筑管理司负责解释。

附件 5

建筑施工工具式脚手架安全技术规范（JGJ 202—2010）（附着升降脚手架部分）

4 附着升降脚手架

4.1 荷载

4.1.1 作用于附着升降脚手架的荷载可分为永久荷载（即恒载）和可变荷载（即活载）两类。

4.1.2 荷载标准值应符合下列规定：

1 永久荷载标准值（G_k）应包括整个架体结构，围护设施、作业层设施以及固定于架体结构上的升降机构和其他设备、装置的自重，应按实际计算；其值也可按现行国家标准《建筑结构荷载规范》GB 50009—2001（2006 年版）附录 A 的规定确定。脚手板自重标准值和栏杆、挡脚板线荷载标准值可分别按表 4.1.2—1 和表 4.1.2—2 的规定选用，密目式安全立网应按 0.005 kN/m² 选用。

表 4.1.2—1　　脚手板自重标准值　　kN/mm²

类　别	标　准　值
冲压钢脚手板	0.30
竹笆板	0.06
木脚手板	0.35
竹串片脚手板	0.35
胶合板	0.15

表 4.1.2—2　栏杆、挡脚板线荷载标准值　kN/m

类　别	标　准　值
栏杆、冲压钢脚手挡板	0.11
栏杆、竹串片脚手板挡板	0.14
栏杆、木脚手板挡板	0.14

2　可变荷载中的施工活荷载（Q_k）应包括施工人员、材料及施工机具，应根据施工具体情况，按使用、升降及坠落三种工况确定控制荷载标准值，设计计算时施工活荷载标准值应按表 4.1.2—3 的规定选取。

3　风荷载标准值（ω_k）应按下式计算：

$$\omega_k=\beta_z \cdot \mu_a \cdot \mu_s \cdot \omega_o \tag{4.1.2}$$

式中　ω_k——风荷载标准值，kN/m^2；

μ_a——风压高度变化系数，应按现行国家标准《建筑结构荷载规范》GB 50009 的规定采用；

μ_s——脚手架风荷载体型系数，应按表 4.1.2—4 的规定采用，表中 ϕ 为挡风系数，应为脚手架挡风面积与迎风面积之比；密目式安全立网的挡风系数 ϕ 应按 0.8 计算；

ω_o——基本风压值，应按现行国家标准《建筑结构荷载规范》GB 50009—2001（2006 年版）附表 D.4 中 n=10 年的规定采用；工作状态应按本地区的 10 年风压最大值选用，升降及坠落工况，可取 0.25 kN/m^2 计算；

β_z——风振系数，一般可取 1，也可按实际情况选取。

表 4.1.2—3　　施工活荷载标准值

<table>
<tr><th colspan="2">工况类别</th><th>同时作业层数</th><th>每层活荷载标准值（kN/m²）</th><th>注</th></tr>
<tr><td rowspan="2">使用工况</td><td>结构施工</td><td>2</td><td>3.0</td><td></td></tr>
<tr><td>装修施工</td><td>3</td><td>2.0</td><td></td></tr>
<tr><td>升降工况</td><td>结构和装修施工</td><td>2</td><td>0.5</td><td>施工人员、材料、机具全部撤离</td></tr>
<tr><td rowspan="2">坠落工况</td><td>结构施工</td><td>2</td><td>0.5；3.0</td><td>在使用工况下坠落时，其瞬间标准荷载应为 3.0 kN/m²；升降工况下坠落其标准值应为 0.5 kN/m²</td></tr>
<tr><td>装修施工</td><td>3</td><td>0.5；2.0</td><td>在使用工况下坠落时，其标准荷载为 2.0 kN/m²；升降工况下坠落其标准值应为 0.5 kN/m²</td></tr>
</table>

表 4.1.2—4　　脚手架风荷载体型系数

背靠建筑物状况	全封闭	敞开开洞
μ_s	1.0ϕ	1.3ϕ

4.1.3　当计算结构或构件的强度、稳定性及连接强度时，应采用荷载设计值（即荷载标准值乘以荷载分项系数）；计算变形时，应采用荷载标准值。永久荷载的分项系数（γ_G）应采用 1.2，当对结构进行倾覆计算而对结构有利时，分项系数应采用 0.9。可变荷载的分项系数（γ_Q）应采用 1.4。风荷载标准值的分项系数（γ_{Qw}）应采用 1.4。

4.1.4　当采用容许应力法计算时，应采用荷载标准值作为计算依据。

4.1.5　附着升降脚手架应按最不利荷载组合进行计算，其荷载效应组合应按表 4.1.5 的规定采用，荷载效应组合设计值（S）应按式（4.1.5—1）、式（4.1.5—2）计算：

表 4.1.5　荷载效应组合

计算项目	荷载效应组合
纵、横向水平杆，水平支撑桁架，使用过程中的固定吊拉杆和竖向主框架，附墙支座、防倾覆及防坠落装置	永久荷载＋施工活荷载
竖向主框架 脚手架立杆稳定性	①永久荷载＋施工荷载 ②永久荷载＋0.9（施工荷载值＋风荷载）取两种组合，按最不利的计算
选择升降动力设备时 选择钢丝绳及索吊具时 横吊梁及其吊拉杆计算	永久荷载＋升降过程的活荷载
连墙杆及连墙件	风荷载＋5.0 kN

不考虑风荷载

$$S=\gamma_G S_{Gk}+\gamma_Q S_{Qk} \quad (4.1.5\text{—}1)$$

考虑风荷载

$$S=\gamma_G S_{Gk}+0.9\,(\gamma_Q S_{Qk}+\gamma_Q S_{wk}) \quad (4.1.5\text{—}2)$$

式中　S——荷载效应组合设计值，kN；

γ_G——恒荷载分项系数，取 1.2；

γ_Q——活荷载分项系数，取 1.4；

S_{Gk}——恒荷载效应的标准值，kN；

S_{Qk}——活荷载效应的标准值，kN；

S_{wk}——风荷载效应的标准值，kN。

4.1.6　水平支撑桁架应选用使用工况中的最大跨度进行计算，其上部的扣件式钢管脚手架计算立杆稳定时，其设计荷载值应乘以附加安全系数 γ_1＝1.43。

4.1.7 附着升降脚手架使用的升降动力设备、吊具、索具、主框架在使用工况条件下，其设计荷载值应乘以附加荷载不均匀系数 $\gamma_2=1.3$；在升降、坠落工况时，其设计荷载值应乘以附加荷载不均匀系数 $\gamma_2=2.0$。

4.1.8 计算附墙支座时，应按使用工况进行，选取其中承受荷载最大处的支座进行计算，其设计荷载值应乘以冲击系数 $\gamma_3=2.0$。

4.2 设计计算基本规定

4.2.1 附着升降脚手架的设计应符合现行国家标准《钢结构设计规范》（GB 50017）、《冷弯薄壁型钢结构技术规范》（GB 50018）、《混凝土结构设计规范》（GB 50010）以及其他相关标准的规定。

4.2.2 附着升降脚手架架体结构、附着支撑结构、防倾覆装置、防坠落装置的承载能力应按概率极限状态设计法的要求采用分项系数设计表达式进行设计，并应进行下列设计计算：

1 竖向主框架构件强度和压杆的稳定计算。

2 水平支撑桁架构件的强度和压杆的稳定计算。

3 脚手架架体构架构件的强度和压杆稳定计算。

4 附着支撑结构构件的强度和压杆稳定计算。

5 附着支撑结构穿墙螺栓以及螺栓孔处混凝土局部承压计算。

6 连接节点计算。

4.2.3 竖向主框架、水平支撑桁架、架体构架应根据正常使用极限状态的要求验算变形。

4.2.4 附着升降脚手架的索具、吊具应按有关机械设计的规定，按容许应力法进行设计。同时还应符合下列规定：

1 荷载值应小于升降动力设备的额定值。

2 吊具安全系数 K 应取 5。

3 钢丝绳索具安全系数 $K=6\sim8$，当建筑物层高 3 m（含）

以下时应取 6，3 m 以上时应取 8。

4.2.5 脚手架结构构件的容许长细比 [λ] 应符合下列规定：

1 竖向主框架压杆：[λ] ≤150

2 脚手架立杆：[λ] ≤210

3 横向斜撑杆：[λ] ≤250

4 竖向主框架拉杆：[λ] ≤300

5 剪刀撑及其他拉杆：[λ] ≤350

4.2.6 受弯构件的挠度限值应符合表 4.2.6 的规定。

表 4.2.6 受弯构件的挠度限值

构件类别	挠度限值
脚手板和纵向、横向水平杆	$L/150$ 和 10 mm（L 为受弯杆件跨度）
水平支撑桁架	$L/250$（L 为受弯杆件跨度）
悬臂受弯杆件	$L/400$（L 为受弯杆件跨度）

4.2.7 螺栓连接强度设计值应按表 4.2.7 的规定采用。

表 4.2.7 螺栓连接强度设计值 N/mm²

钢材强度等级	抗拉强度 f_c^b	抗剪强度 f_c^b
Q235	170	140

4.2.8 扣件承载力设计值应按表 4.2.8 的规定采用。

表 4.2.8 扣件承载力设计值 kN

项 目	承载力设计值
对接扣件（抗滑）(1 个)	3.2
直角扣件、旋转扣件（抗滑）(1 个)	8.0

4.2.9 钢管截面特性及自重标准值应符合表 4.2.9 的规定。

表 4.2.9　钢管截面特性及自重标准值

外径 d (mm)	壁厚 t (mm)	截面积 A (mm^2)	惯性矩 I (mm^4)	截面模量 W (mm^3)	回转半径 i (mm)	每米长自重 (N/m)
48.3	3.2	453	1.16×10^5	4.80×10^3	16.0	35.6
48.3	3.6	506	1.27×10^5	5.26×10^3	15.9	39.7

4.3　构件、结构计算

4.3.1　受弯构件计算应符合下列规定：

1　抗弯强度应按下式计算：

$$\sigma=\frac{M_{max}}{W_n}\leqslant f \qquad (4.3.1-1)$$

式中　M_{max}——最大弯矩设计值，N·m；

f——钢材的抗拉、抗压和抗弯强度设计值，N/mm^2；

W_n——构件的净截面抵抗矩，mm^3。

2　挠度应按下列公式验算：

$$v\leqslant[v] \qquad (4.3.1-2)$$

$$v=\frac{5q_k l^4}{384EI_x} \qquad (4.3.1-3)$$

$$\text{或 } v=\frac{5q_k l^4}{384EI_x}+\frac{P_k l^3}{48EI_x} \qquad (4.3.1-4)$$

式中　v——受弯构件的挠度计算值，mm；

$[v]$——受弯构件的容许挠度值，mm；

q_k——均布线荷载标准值，N/mm；

P_k——跨中集中荷载标准值，N；

E——钢材弹性模量，N/mm^2；

I_x——毛截面惯性矩，mm^4；

l——计算跨度，m。

4.3.2　受拉和受压杆件计算应符合下列规定：

1　中心受拉和受压杆件强度应按下式计算：

$$\sigma=\frac{N}{A_n}\leqslant f \qquad (4.3.2—1)$$

式中 N——拉杆或压杆最大轴力设计值，N；

A_n——拉杆或压杆的净截面面积，mm^2；

f——钢材的抗拉、抗压和抗弯强度设计值，N/mm^2。

2 压弯杆件稳定性应满足下式要求：

$$\frac{N}{\varphi A}\leqslant f \qquad (4.3.2—2)$$

当有风荷载组合时，水平支撑桁架上部的扣件式钢管脚手架立杆的稳定性应符合下式要求：

$$\frac{N}{\varphi A}+\frac{M_x}{W_x}\leqslant f \qquad (4.3.2—3)$$

式中 A——压杆的截面面积，mm^2；

φ——轴心受压构件的稳定系数；

M_x——压杆的弯矩设计值，N·m；

W_x——压杆的截面抗弯模量，mm^3；

f——钢材的抗拉、抗压和抗弯强度设计值，N/mm^2。

4.3.3 水平支撑桁架设计计算应符合下列规定：

1 水平支撑桁架上部脚手架立杆的集中荷载应作用在桁架上弦的节点上。

2 水平支撑桁架应构成空间几何不可变体系的稳定结构。

3 水平支撑桁架与主框架的连接应设计成铰接并应使水平支撑桁架按静定结构计算。

4 水平支撑桁架设计计算应包括下列内容：

（1）节点荷载设计值。

（2）杆件内力设计值。

（3）杆件最不利组合内力。

（4）最不利杆件强度和压杆稳定性；受弯构件的变形验算。

（5）节点板及节点焊缝或连接螺栓的强度。

5 水平支撑桁架的外桁架和内桁架应分别计算，其节点荷载应为架体构架的立杆轴力；操作层内外桁架荷载的分配应通过小横杆支座反力求得。

4.3.4 竖向主框架设计计算应符合下列规定：

1 竖向主框架应是几何不可变体系的稳定结构，且受力明确。

2 竖向主框架内外立杆的垂直荷载应包括下列内容：

(1) 内外水平支撑桁架传递来的支座反力。

(2) 操作层纵向水平杆传递给竖向主框架的支座反力。

3 风荷载按每根纵向水平杆挡风面承担的风荷载，传递给主框架节点上的集中荷载计算。

4 竖向主框架设计计算应包括下列内容：

(1) 节点荷载标准值的计算。

(2) 分别计算风荷载与垂直荷载作用下，竖向主框架杆件的内力设计值。

(3) 计算风荷载与垂直荷载组合最不利杆件的内力设计值。

(4) 最不利杆件强度和压杆稳定性以及受弯构件的变形计算。

(5) 节点板及节点焊缝或连接螺栓的强度。

(6) 支座的连墙件强度计算。

4.3.5 附墙支座设计应符合下列规定：

1 每一楼层处均应设置附墙支座，且每一附墙支座均应能承受该机位范围内的全部荷载的设计值，并应乘以荷载不均匀系数 2 或冲击系数 2。

2 应进行抗弯、抗压、抗剪、焊缝、平面内外稳定性、锚固螺栓计算和变形验算。

4.3.6 附着支撑结构穿墙螺栓计算应符合下列规定：

穿墙螺栓应同时承受剪力和轴向拉力，其强度应按下列公式计算：

$$\sqrt{\left(\frac{N_v}{N_v^b}\right)^2+\left(\frac{N_t}{N_t^b}\right)^2}\leqslant 1 \quad (4.3.6—1)$$

$$N_v^b = \frac{\pi D_{螺}^2}{4} f_v^b \tag{4.3.6—2}$$

$$N_t^b = \frac{\pi d_0^2}{4} f_t^b \tag{4.3.6—3}$$

式中 N_v、N_t——一个螺栓所承受的剪力和拉力设计值，N；

N_v^b、N_t^b——一个螺栓抗剪、抗拉承载能力设计值，N；

$D_{螺}$——螺杆直径，mm；

f_v^b——螺栓抗剪强度设计值，一般采用 Q235，取 $f_v^b = 140\ N/mm^2$；

d_0——螺栓螺纹处有效截面直径，mm；

f_t^b——螺栓抗拉强度设计值，一般采用 Q235，取 $f_t^b = 170\ N/mm^2$。

4.3.7 穿墙螺栓孔处混凝土受压状况如图 4.3.7 所示，其承载能力应符合下式要求：

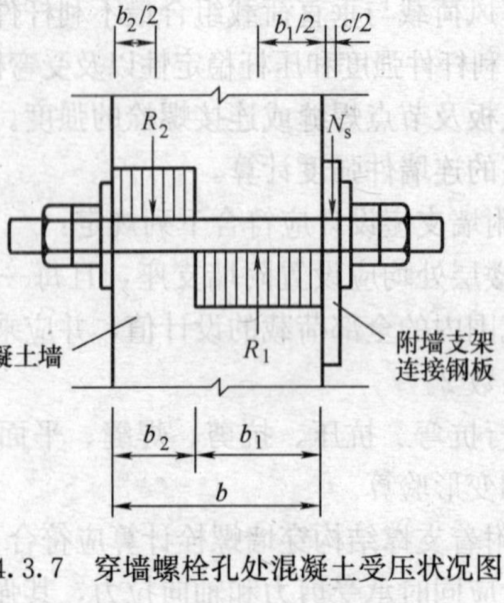

图 4.3.7 穿墙螺栓孔处混凝土受压状况图

$$N_v \leqslant 1.35 \beta_b \beta_t f_e b d \tag{4.3.7}$$

式中 N_v——一个螺栓所承受的剪力设计值，N；

β_b——螺栓孔混凝土受荷计算系数，取 0.39；

β_t——混凝土局部承压强度提高系数，取1.73；

f_c——上升时混凝土龄期试块轴心抗压强度设计值，N/mm^2；

b——混凝土外墙的厚度，mm；

d——穿墙螺栓的直径，mm。

4.3.8 导轨（或导向柱）设计应符合下列规定：

1 荷载设计值应根据不同工况分别乘以相应的荷载不均匀系数。

2 应进行抗弯、抗压、抗剪、焊缝、平面内外稳定性、锚固螺栓计算和变形验算。

4.3.9 防坠落装置设计应符合下列规定：

1 荷载的设计值应乘以相应的冲击系数，并应在一个机位内分别按升降工况和使用工况的荷载取值进行验算。

2 应依据实际情况分别进行强度和变形验算。

3 防坠落装置不得与提升装置设置在同一个附墙支座上。

4.3.10 主框架底座和吊拉杆设计应符合下列规定：

1 荷载设计值应依据主框架传递的反力计算。

2 结构构件应进行强度和稳定性验算，并对连接焊缝及螺栓进行强度计算。

4.3.11 用作升降和防坠的悬臂梁设计应符合下列规定：

1 应按升降和使用工况分别选择荷载设计值，两种情况选取最不利的荷载进行计算，并应乘以冲击系数2，使用工况时应乘以荷载不均匀系数1.3。

2 应进行强度和变形计算。

3 悬挂动力设备或防坠落装置的附墙支座应分别计算。

4.3.12 升降动力设备选择应符合下列规定：

1 应按升降工况一个机位范围内的总荷载，并乘以荷载不均匀系数2选取荷载设计值。

2 升降动力设备荷载设计值N_s不得大于其额定值N_c。

4.3.13　液压油缸活塞推力应按下列公式计算：

$$p_Y \geqslant 1.2p_1 \quad (4.3.13\text{—}1)$$

$$P_H = \frac{\pi D^2}{4} p_Y \quad (4.3.13\text{—}2)$$

式中　p_1——活塞杆的静工作阻力，即起重计算时一个液压机位的荷载设计值，kN/cm^2；

1.2——活塞运动的摩擦阻力系数；

P_H——活塞杆设计推力，kN；

D——活塞直径，cm；

p_Y——液压油缸内的工作压力，kN/cm^2。

4.3.14　对位于建筑物凸出或凹进结构处的附着升降脚手架，应进行专项设计。

4.4　构造措施

4.4.1　附着升降脚手架应由竖向主框架、水平支撑桁架、架体构架、附着支撑结构、防倾覆装置、防坠落装置等组成。

4.4.2　附着升降脚手架结构构造的尺寸应符合下列规定：

1　架体高度不得大于5倍楼层高。

2　架体宽度不得大于1.2 m。

3　直线布置的架体支撑跨度不得大于7 m，折线或曲线布置的架体，相邻两主框架支撑点处的架体外侧距离不得大于5.4 m。

4　架体的水平悬挑长度不得大于2 m，且不得大于跨度的1/2。

5　架体全高与支撑跨度的乘积不得大于110 m^2。

4.4.3　附着升降脚手架应在附着支撑结构部位设置与架体高度相等的与墙面垂直的定型的竖向主框架，竖向主框架应是桁架或刚架结构，其杆件连接的节点应采用焊接或螺栓连接，并应与水平支撑桁架和架体构架构成有足够强度和支撑刚度的空间几何不可变体系的稳定结构。竖向主框架结构构造（图4.4.3）应符合下列规定：

1　竖向主框架可采用整体结构或分段对接式结构。结构形式应为竖向桁架或门型刚架形式等。各杆件的轴线应汇交于节点处，并应采用螺栓或焊接连接，如不交汇于一点，应进行附加弯矩验算。

2　当架体升降采用中心吊时，在悬臂梁行程范围内竖向主框架内侧水平杆去掉部分的断面，应采取可靠的加固措施。

3　主框架内侧应设有导轨。

4　竖向主框架宜采用单片式主框架［图 4.4.3a］，或可采用空间桁架式主框架［图 4.4.3b］。

4.4.4　在竖向主框架的底部应设置水平支撑桁架，其宽度应与主框架相同，平行于墙面，其高度不宜小于 1.8 m，水平支撑桁架结构构造应符合下列规定：

1　桁架各杆件的轴线应相交于节点上，并宜采用节点板构造连接，节点板的厚度不得小于 6 mm。

2　桁架上下弦应采用整根通长杆件或设置刚性接头。腹杆上下弦连接应采用焊接或螺栓连接。

3　桁架与主框架连接处的斜腹杆宜设计成拉杆。

4　架体构架的立杆底端应放置在上弦节点各轴线的交汇处。

5　内外两片水平桁架的上弦和下弦之间应设置水平支撑杆件，各节点应采用焊接或螺栓连接。

6　水平支撑桁架的两端与主框架的连接，可采用杆件轴线交汇于一点，且为能活动的铰接点；或可将水平支撑桁架放在竖向主框架的底端的桁架底框中。

4.4.5　附着支撑结构应包括附墙支座、悬臂梁及斜拉杆，其构造应符合下列规定：

1　竖向主框架所覆盖的每个楼层处应设置一道附墙支座。

2　在使用工况时，应将竖向主框架固定于附墙支座上。

3　在升降工况时，附墙支座上应设有防倾、导向的结构装置。

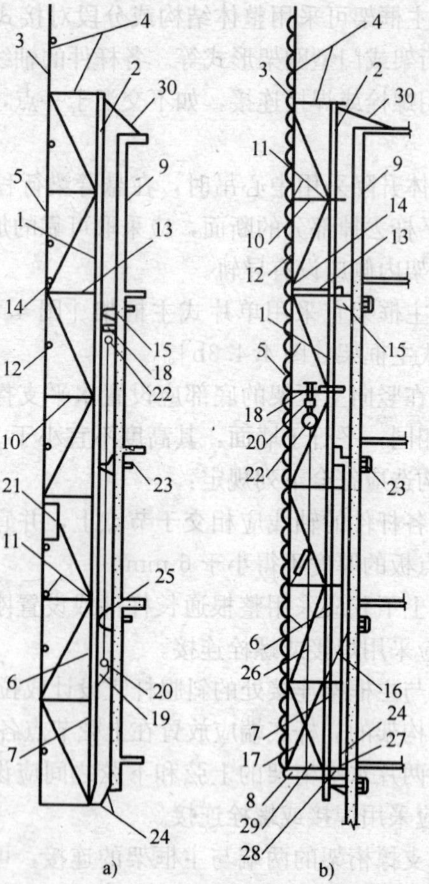

图 4.4.3　两种不同主框架的架体断面构造图

a）竖向主框架为单片式　b）竖向主框架为空间桁架式

1—竖向主框架　2—导轨　3—密目安全网　4—架体　5—剪刀撑（45°～60°）
6—立杆　7—水平支撑桁架　8—竖向主框架底部托盘　9—正在施工层
10—架体横向水平杆　11—架体纵向水平杆　12—防护栏杆　13—脚手板
14—作业层挡脚板　15—附墙支座（含导向、防倾覆装置）　16—吊拉杆（定位）
17—花篮螺栓　18—升降上吊挂点　19—升降下吊挂点　20—荷载传感器
21—同步控制装置　22—电动葫芦　23—锚固螺栓　24—底部脚手板及密封翻板
25—定位装置　26—升降钢丝绳　27—导向滑轮
28—主框架底部托座与附墙支座临时固定连接点　29—升降滑轮　30—临时拉结

4 附墙支座应采用锚固螺栓与建筑物连接，受拉螺栓的螺母不得少于两个或应采用弹簧垫圈加单螺母，螺杆露出螺母端部的长度不应少于 3 扣，并不得小于 10 mm，垫板尺寸应由设计确定，且不得小于 100 mm×100 mm×10 mm。

5 附墙支座支撑在建筑物上连接处混凝土的强度应按设计要求确定，且不得小于 C10。

4.4.6 架体构架宜采用扣件式钢管脚手架，其结构构造应符合现行行业标准《建筑施工扣件式钢管脚手架安全技术规范》JGJ 130 的规定。架体构架应设置在两竖向主框架之间，并应以纵向水平杆与之相连，其立杆应设置在水平支撑桁架的节点上。

4.4.7 水平支撑桁架最底层应设置脚手板，并应铺满铺牢，与建筑物墙面之间也应设置脚手板全封闭，宜设置可翻转的密封翻板。在脚手板的下面应采用安全网兜底。

4.4.8 架体悬臂高度不得大于架体高度的 2/5，且不得大于 6 m。

4.4.9 当水平支撑桁架不能连续设置时，局部可采用脚手架杆件进行连接，但其长度不得大于 2.0 m，且应采取加强措施，确保其强度和刚度不得低于原有的桁架。

4.4.10 物料平台不得与附着升降脚手架各部位和各结构构件相连，其荷载应直接传递给建筑工程结构。

4.4.11 当架体遇到塔吊、施工升降机、物料平台需断开或开洞时，断开处应加设栏杆和封闭，开口处应有可靠的防止人员及物料坠落的措施。

4.4.12 架体外立面应沿全高连续设置剪刀撑，并应将竖向主框架、水平支撑桁架和架体构架连成一体，剪刀撑斜杆水平夹角应为 45°～60°；应与所覆盖架体构架上每个主节点的立杆或横向水平杆伸出端扣紧；悬挑端应以竖向主框架为中心成对设置对称斜拉杆，其水平夹角不应小于 45°。

4.4.13 架体结构应在以下部位采取可靠的加强构造措施：

1 与附墙支座的连接处。

2 架体上提升机构的设置处。

3 架体上防坠落、防倾覆装置的设置处。

4 架体吊拉点设置处。

5 架体平面的转角处。

6 架体因碰到塔吊、施工升降机、物料平台等设施而需要断开或开洞处。

7 其他有加强要求的部位。

4.4.14 附着升降脚手架的安全防护措施应符合下列规定：

1 架体外侧应采用密目式安全立网全封闭，密目式安全立网的网目密度不应低于2 000目/100 cm^2，且应可靠地固定在架体上。

2 作业层外侧应设置1.2 m高的防护栏杆和180 mm高的挡脚板。

3 作业层应设置固定牢靠的脚手板，其与结构之间的间距应满足现行行业标准《建筑施工扣件式钢管脚手架安全技术规范》JGJ 130的相关规定。

4.4.15 附着升降脚手架构配件的制作应符合下列规定：

1 应具有完整的设计图样、工艺文件、产品标准和产品质量检验规程；制作单位应有完善有效的质量管理体系。

2 制作构配件的原材料和辅料的材质及性能应符合设计要求，并应按本规范第3.0.1～3.0.6条的规定对其进行验证和检验。

3 加工构配件的工装、设备及工具应满足构配件制作精度的要求，并应定期进行检查，工装应有设计图样。

4 构配件应按工艺要求及检验规程进行检验；对附着支撑结构、防倾覆和防坠落装置等关键部件的加工件应进行100%检验；构配件出厂时，应提供出厂合格证。

4.4.16 附着升降脚手架应在每个竖向主框架处设置升降设

备，升降设备应采用电动葫芦或电动液压设备，单跨升降时可采用手动葫芦，并应符合下列规定；

1　升降设备应与建筑结构和架体有可靠连接。

2　固定电动升降动力设备的建筑结构应安全可靠。

3　设置电动液压设备的架体部位，应有加强措施。

4.4.17　两主框架之间架体的搭设应符合现行行业标准《建筑施工扣件式钢管脚手架安全技术规范》JGJ 130 的规定。

4.5　安全装置

4.5.1　附着升降脚手架必须具有防倾覆、防坠落和同步升降控制的安全装置。

4.5.2　防倾覆装置应符合下列规定：

1　防倾覆装置中应包括导轨和两个以上与导轨连接的可滑动的导向件。

2　在防倾导向件的范围内应设置防倾覆导轨，且应与竖向主框架可靠连接。

3　在升降和使用两种工况下，最上和最下两个导向件之间的最小间距不得小于 2.8 m 或架体高度的 1/4。

4　应具有防止竖向主框架倾斜的功能。

5　应采用螺栓与附墙支座连接，其装置与导轨之间的间隙应小于 5 mm。

4.5.3　防坠落装置必须符合下列规定：

1　防坠落装置应设置在竖向主框架处并附着在建筑结构上，每一升降点不得少于一个防坠落装置，防坠落装置在使用和升降工况下都必须起作用。

2　防坠落装置必须采用机械式的全自动装置，严禁使用每次升降都需重组的手动装置。

3　防坠落装置技术性能除应满足承载能力要求外，还应符合表 4.5.3 的规定。

表 4.5.3　防坠落装置技术性能

脚手架类别	制动距离（mm）
整体式升降脚手架	≤80
单片式升降脚手架	≤150

4　防坠落装置应具有防尘、防污染的措施，并应灵敏可靠和运转自如。

5　防坠落装置与升降设备必须分别独立固定在建筑结构上。

6　钢吊杆式防坠落装置，钢吊杆规格应由计算确定，且不应小于 ϕ25 mm。

4.5.4　同步控制装置应符合下列规定：

1　附着升降脚手架升降时，必须配备有限制荷载或水平高差的同步控制系统。连续式水平支撑桁架，应采用限制荷载自控系统；简支静定水平支撑桁架，应采用水平高差同步自控系统；当设备受限时，可选择限制荷载自控系统。

2　限制荷载自控系统应具有下列功能：

（1）当某一机位的荷载超过设计值的 15%时，应采用声光形式自动报警和显示报警机位；当超过 30%时，应能使该升降设备自动停机。

（2）应具有超载、失载、报警和停机的功能；宜增设显示记忆和储存功能。

（3）应具有自身故障报警功能，并应能适应施工现场环境。

（4）性能应可靠、稳定，控制精度应在 5%以内。

3　水平高差同步控制系统应具有下列功能：

（1）当水平支撑桁架两端高差达到 30 mm 时，应能自动停机。

（2）应具有显示各提升点的实际升高和超高的数据，并应有记忆和储存的功能。

（3）不得采用附加重量的措施控制同步。

4.6　安装

4.6.1　附着升降脚手架应按专项施工方案进行安装，可采用单片式主框架的架体（图 4.6.1—1），也可采用空间桁架式主框架的架体（图 4.6.1—2）。

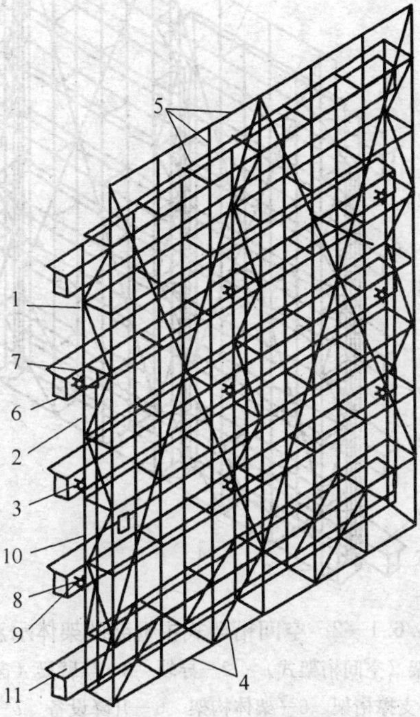

图 4.6.1—1　单片式主框架的架体示意图

1—竖向主框架（单片式）　2—导轨　3—附墙支座（含防倾覆、防坠落装置）
4—水平支撑桁架　5—架体构架　6—升降设备　7—升降上吊挂件
8—升降下吊点（含荷载传感器）　9—定位装置
10—同步控制装置　11—工程结构

4.6.2　附着升降脚手架在首层安装前应设置安装平台，安装平台应有保障施工人员安全的防护设施，安装平台的水平精度和承载能力应满足架体安装的要求。

4.6.3　安装时应符合下列规定：

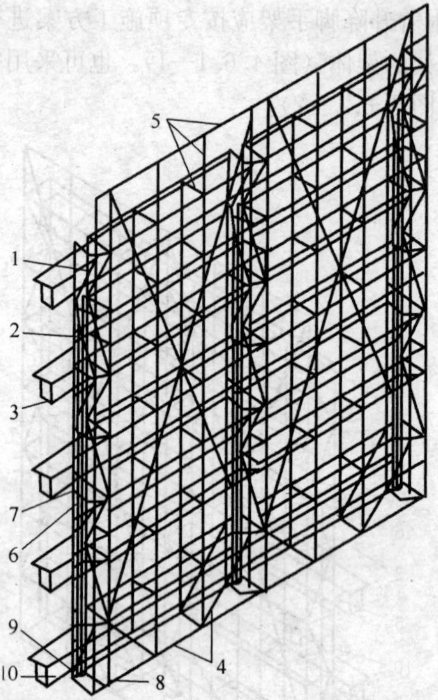

图 4.6.1—2 空间桁架式主框架的架体示意图

1—竖向主框架（空间桁架式） 2—导轨 3—悬臂梁（含防倾覆装置）
4—水平支撑桁架 5—架体构架 6—升降设备 7—悬吊梁
8—下提升点 9—防坠落装置 10—工程结构

1 相邻竖向主框架的高差不应大于 20 mm。

2 竖向主框架和防倾导向装置的垂直偏差不应大于 5‰，且不得大于 60 mm。

3 预留穿墙螺栓孔和预埋件应垂直于建筑结构外表面，其中心误差应小于 15 mm。

4 连接处所需要的建筑结构混凝土强度应由计算确定，但不应小于 C10。

5 升降机构连接应正确且牢固可靠。

6 安全控制系统的设置和试运行效果应符合设计要求。

7 升降动力设备工作正常。

4.6.4 附着支撑结构的安装应符合设计规定，不得少装和使用不合格螺栓及连接件。

4.6.5 安全保险装置应全部合格，安全防护设施应齐备，且应符合设计要求，并应设置必要的消防设施。

4.6.6 电源、电缆及控制柜等的设置应符合现行行业标准《施工现场临时用电安全技术规范》JGJ 46 的有关规定。

4.6.7 采用扣件式脚手架搭设的架体构架，其构造应符合现行行业标准《建设施工扣件式钢管脚手架安全技术规范》JGJ 130 的要求。

4.6.8 升降设备、同步控制系统及防坠落装置等专项设备，均应采用同一厂家的产品。

4.6.9 升降设备、控制系统、防坠落装置等应采用防雨、防砸、防尘等措施。

4.7 升降

4.7.1 附着升降脚手架可采用手动、电动和液压三种升降形式，并应符合下列规定：

1 单跨架体升降时，可采用手动、电动和液压三种升降形式。

2 当两跨以上的架体同时整体升降时，应采用电动或液压设备。

4.7.2 附着升降脚手架每次升降前，应按本规范表 8.1.4 的规定进行检查，经检查合格后，方可进行升降。

4.7.3 附着升降脚手架的升降操作应符合下列规定：

1 应按升降作业程序和操作规程进行作业。

2 操作人员不得停留在架体上。

3 升降过程中不得有施工荷载。

4 所有妨碍升降的障碍物应已拆除。

5　所有影响升降作业的约束应已解除。

6　各相邻提升点间的高差不得大于 30 mm，整体架最大升降差不得大于 80 mm。

4.7.4　升降过程中应实行统一指挥、统一指令。升降指令应由总指挥一人下达；当有异常情况出现时，任何人均可立即发出停止指令。

4.7.5　当采用环链葫芦作为升降动力时，应严密监视其运行情况，及时排除翻链、铰链和其他影响正常运行的故障。

4.7.6　当采用液压设备作为升降动力时，应排除液压系统的泄漏、失压、颤动、油缸爬行和不同步等问题和故障，确保正常工作。

4.7.7　架体升降到位后，应及时按使用状况要求进行附着固定；在没有完成架体固定工作前，施工人员不得擅自离岗或下班。

4.7.8　附着升降脚手架架体升降到位固定后，应按本规范表 8.1.3 进行检查，合格后方可使用；遇 5 级及以上大风和大雨、大雪、浓雾和雷雨等恶劣天气时，不得进行升降作业。

4.8　使用

4.8.1　附着升降脚手架应按设计性能指标进行使用，不得随意扩大使用范围；架体上的施工荷载应符合设计规定，不得超载，不得放置影响局部杆件安全的集中荷载。

4.8.2　架体内的建筑垃圾和杂物应及时清理干净。

4.8.3　附着升降脚手架在使用过程中不得进行下列作业：

1　利用架体吊运物料。

2　在架体上拉结吊装缆绳（或缆索）。

3　在架体上推车。

4　任意拆除结构件或松动连接件。

5　拆除或移动架体上的安全防护设施。

6　利用架体支撑模板或卸料平台。

7 其他影响架体安全的作业。

4.8.4 当附着升降脚手架停用超过3个月时，应提前采取加固措施。

4.8.5 当附着升降脚手架停用超过1个月或遇6级及以上大风后复工时，应进行检查，确认合格后方可使用。

4.8.6 螺栓连接件、升降设备、防倾覆装置、防坠落装置、电控设备、同步控制装置等应每月进行维护保养。

4.9 拆除

4.9.1 附着升降脚手架的拆除工作应按专项施工方案及安全操作规程的有关要求进行。

4.9.2 应对拆除作业人员进行安全技术交底。

4.9.3 拆除时应有可靠的防止人员或物料坠落的措施，拆除的材料及设备不得抛扔。

4.9.4 拆除作业应在白天进行。遇5级及以上大风、大雨、大雪、浓雾和雷雨等恶劣天气时，不得进行拆除作业。

7 管理

7.0.1 工具式脚手架安装前，应根据工程结构、施工环境等特点编制专项施工方案，并应经总承包单位技术负责人审批、项目总监理工程师审核后实施。

7.0.2 专项施工方案应包括下列内容：

1 工程特点。

2 平面布置情况。

3 安全措施。

4 特殊部位的加固措施。

5 工程结构受力核算。

6 安装、升降、拆除程序及措施。

7 使用规定。

7.0.3 总承包单位必须将工具式脚手架专业工程发包给具有相应资质等级的专业队伍，并应签订专业承包合同，明确总包、分包或租赁等各方的安全生产责任。

7.0.4 工具式脚手架专业施工单位应当建立健全安全生产管理制度，制订相应的安全操作规程和检验规程，应制定设计、制作、安装、升降、使用、拆除和日常维护保养等的管理规定。

7.0.5 工具式脚手架专业施工单位应设置专业技术人员、安全管理人员及相应的特种作业人员。特种作业人员应经专门培训，并应经建设行政主管部门考核合格，取得特种作业操作资格证书后，方可上岗作业。

7.0.6 施工现场使用工具式脚手架应由总承包单位统一监督，并应符合下列规定：

1 安装、升降、使用、拆除等作业前，应向有关作业人员进行安全教育；并应监督对作业人员的安全技术交底。

2 应对专业承包人员的配备和特种作业人员的资格进行审查。

3 安装、升降、拆卸等作业时，应派专人进行监督。

4 应组织工具式脚手架的检查验收。

5 应定期对工具式脚手架使用情况进行安全巡检。

7.0.7 监理单位应对施工现场的工具式脚手架使用状况进行安全监理并应记录，出现隐患应要求及时整改，并应符合下列规定：

1 应对专业承包单位的资质及有关人员的资格进行审查。

2 在工具式脚手架的安装、升降、拆除等作业时应进行监理。

3 应参加工具式脚手架的检查验收。

4 应定期对工具式脚手架使用情况进行安全巡检。

5 发现存在隐患时，应要求限期整改，对拒不整改的，应及时向建设单位和建设行政主管部门报告。

7.0.8 工具式脚手架所使用的电气设施、线路及接地、避雷措施等应符合现行行业标准《施工现场临时用电安全技术规范》JGJ 46 的规定。

7.0.9 进入施工现场的附着升降脚手架产品应具有国务院建设行政主管部门组织鉴定或验收的合格证书，并应符合本规范的有关规定。

7.0.10 工具式脚手架的防坠落装置应经法定检测机构标定后方可使用；使用过程中，使用单位应定期对其有效性和可靠性进行检测。安全装置受冲击载荷后应进行解体检验。

7.0.11 临街搭设时，外侧应有防止坠物伤人的防护措施。

7.0.12 安装、拆除时，在地面应设围栏和警戒标志，并应派专人看守，非操作人员不得入内。

7.0.13 在工具式脚手架使用期间，不得拆除下列杆件：

1 架体上的杆件。

2 与建筑物连接的各类杆件（如连墙件、附墙支座）等。

7.0.14 作业层上的施工荷载应符合设计要求，不得超载。不得将模板支架、缆风绳、泵送混凝土和砂浆的输送管等固定在架体上；不得用其悬挂起重设备。

7.0.15 遇 5 级以上大风和雨天，不得提升或下降工具式脚手架。

7.0.16 当施工中发现工具式脚手架故障和存在安全隐患时，应及时排除，可能危及人身安全时，应停止作业。应由专业人员进行整改。整改后的工具式脚手架应重新进行验收检查，合格后方可使用。

7.0.17 剪刀撑应随立杆同步搭设。

7.0.18 扣件的螺栓拧紧力矩不应小于 40 N·m，且不应大于 65 N·m。

7.0.19 各地建筑安全主管部门及产权单位和使用单位应对工具式脚手架建立设备技术档案，其主要内容应包含机型、编号、出厂日期、验收、检修、试验、检修记录及故障事故情况。

7.0.20 工具式脚手架在施工现场安装完成后应进行整机

检测。

7.0.21 工具式脚手架作业人员在施工过程中应戴安全帽、系安全带、穿防滑鞋，酒后不得上岗作业。

8 验收

8.1 附着升降脚手架

8.1.1 附着升降脚手架安装前应具有下列文件：

1 相应资质证书及安全生产许可证。

2 附着升降脚手架的鉴定或验收证书。

3 产品进场前的自检记录。

4 特种作业人员和管理人员岗位证书。

5 各种材料、工具的质量合格证、材质单、测试报告。

6 主要部件及提升机构的合格证。

8.1.2 附着升降脚手架应在下列阶段进行检查与验收：

1 首次安装完毕。

2 提升或下降前。

3 提升、下降到位，投入使用前。

8.1.3 附着升降脚手架首次安装完毕及使用前，应按表8.1.3的规定进行检验，合格后方可使用。

8.1.4 附着升降脚手架提升、下降作业前应按表8.1.4的规定进行检验，合格后方可实施提升或下降作业。

8.1.5 在附着升降脚手架使用、提升和下降阶段均应对防坠落、防倾覆装置进行检查，合格后方可作业。

8.1.6 附着升降脚手架所使用的电气设施和线路应符合现行行业标准《施工现场临时用电安全技术规范》JGJ 46的要求。

表8.1.3 附着升降脚手架首次安装完毕及使用前检查验收表

工程名称		结构形式	
建筑面积		机位布置情况	
总包单位		项目经理	

续表

租赁单位		项目经理	
安拆单位		项目经理	

序号	检查项目		标准	检查结果
1	保证项目	竖向主框架	各杆件的轴线应汇交于节点处，并应采用螺栓或焊接连接，如不交汇于一点，应进行附加弯矩验算	
2	保证项目	竖向主框架	各节点应焊接或螺栓连接	
3	保证项目	竖向主框架	相邻竖向主框架的高差≤30 mm	
4	保证项目	水平支撑桁架	桁架上、下弦应采用整根通长杆件，或设置刚性接头；腹杆上、下弦连接应采用焊接或螺栓连接	
5	保证项目	水平支撑桁架	桁架各杆件的轴线应相交于节点上，并宜用节点板构造连接，节点板的厚度不得小于 6 mm	
6	保证项目	架体构造	空间几何不可变体系的稳定结构	
7	保证项目	立杆支撑位置	架体构架的立杆底端应放置在上弦节点各轴线的交汇处	
8	保证项目	立杆间距	应符合现行行业标准《建筑施工扣件式钢管脚手架安全技术规范》JGJ 130 中小于等于 1.5 m 的要求	
9	保证项目	纵向水平杆的步距	应符合现行行业标准《建筑施工扣件式钢管脚手架安全技术规范》JGJ 130 中小于等于 1.8 m 的要求	
10	保证项目	剪刀撑设置	水平夹角应满足 45°～60°	
11	保证项目	脚手板设置	架体底部铺设严密，与墙体无间隙，操作层脚手板应铺满、铺牢，孔洞直径小于 25 mm	
12	保证项目	扣件拧紧力矩	40～65 N·m	

续表

序号	检查项目		标准	检查结果
13	保证项目	附墙支座	每个竖向主框架所覆盖的每一楼层处应设置一道附墙支座	
14			使用工况，应将竖向主框架固定于附墙支座上	
15			升降工况，附墙支座上应设有防倾、导向的结构装置	
16			附墙支座应采用锚固螺栓与建筑物连接，受拉螺栓的螺母不得少于两个或采用单螺母加弹簧垫圈	
17			附墙支座支撑在建筑物上连接处混凝土的强度应按设计要求确定，但不得小于 C10	
18		架体构造尺寸	架高≤5 倍层高	
19			架宽≤1.2 m	
20			架体全高×支撑跨度≤110 m^2	
21			支撑跨度直线型≤7 m	
22			支撑跨度折线或曲线型架体，相邻两主框架支撑点处的架体外侧距离≤5.4 m	
23			水平悬挑长度不大于 2 m，且不大于跨度的 1/2	
24			升降工况上端悬臂高度不大于 2/5 架体高度且不大于 6 m	
25			水平悬挑端以竖向主框架为中心对称斜拉杆水平夹角≥45°	
26		防坠落装置设置情况	防坠落装置应设置在竖向主框架处并附着在建筑结构上	
27			每一升降点不得少于一个，在使用和升降工况下都能起作用	

续表

序号	检查项目		标准	检查结果
28	保证项目	防坠落装置设置情况	防坠落装置与升降设备应分别独立固定在建筑结构上	
29			应具有防尘防污染的措施，并应灵敏可靠和运转自如	
30			钢吊杆式防坠落装置，钢吊杆规格应由计算确定，且不应小于 $\phi 25$ mm	
31		防倾覆装置设置情况	防倾覆装置中应包括导轨和两个以上与导轨连接的可滑动的导向件	
32			在防倾导向件的范围内应设置防倾覆导轨，且应与竖向主框架可靠连接	
33			在升降和使用两种工况下，最上和最下两个导向件之间的最小间距不得小于 2.8 m 或架体高度的 1/4	
34			应具有防止竖向主框架倾斜的功能	
35			应用螺栓与附墙支座连接，其装置与导轨之间的间隙应小于 5 mm	
36		同步装置设置情况	连续式水平支撑桁架，应采用限制荷载自控系统	
37			简支静定水平支撑桁架，应采用水平高差同步自控系统，若设备受限时可选择限制荷载自控系统	
38	一般项目	防护设施	密目式安全立网规格型号≥2000 目/100 cm^2，≥3 kg/张	
39			防护栏杆高度为 1.2 m	
40			挡脚板高度为 180 mm	
41			架体底层脚手板铺设严密，与墙体无间隙	

续表

检查结论				
检查人签字	总包单位	分包单位	租赁单位	安拆单位

符合要求，同意使用（　　）
不符合要求，不同意使用（　　）

总监理工程师（签字）：　　　　　　　　　　年　月　日

注：本表由施工单位填报，监理单位、施工单位、租赁单位、安拆单位各存一份。

表 8.1.4　附着升降脚手架提升、下降作业前检查验收表

工程名称		结构形式	
建筑面积		机位布置情况	
总包单位		项目经理	
租赁单位		项目经理	
安拆单位		项目经理	

序号		检查项目	标准	检查结果
1	保证项目	支撑结构与工程结构连接处混凝土强度	达到专项方案计算值，且≥C10	
2	保证项目	附墙支座设置情况	每个竖向主框架所覆盖的每一楼层处应设置一道附墙支座	
3	保证项目	附墙支座设置情况	附墙支座上应设有完整的防坠落、防倾覆、导向装置	
4	保证项目	升降装置设置情况	单跨升降式可采用手动葫芦；整体升降式应采用电动葫芦或液压设备；应启动灵敏，运转可靠，旋转方向正确；控制柜工作正常，功能齐备	

续表

序号	检查项目		标准	检查结果
5	保证项目	防坠落装置设置情况	防坠落装置应设置在竖向主框架处并附着在建筑结构上	
6			每一升降点不得少于一个，在使用和升降工况下都能起作用	
7			防坠落装置与升降设备应分别独立固定在建筑结构上	
8			应具有防尘防污染的措施，并应灵敏可靠和运转自如	
9			设置方法及部位正确，灵敏可靠，不应人为失效和减少	
10			钢吊杆式防坠落装置，钢吊杆规格应由计算确定，且不应小于 ϕ25 mm	
11		防倾覆装置设置情况	防倾覆装置中应包括导轨和两个以上与导轨连接的可滑动的导向件	
12			在防倾导向件的范围内应设置防倾覆导轨，且应与竖向主框架可靠连接	
13			在升降和使用两种工况下，最上和最下两个导向件之间的最小间距不得小于 2.8 m 或架体高度的 1/4	
14		建筑物的障碍物清理情况	无障碍物阻碍外架的正常滑升	
15		架体构架上的连墙杆	应全部拆除	
16		塔吊或施工电梯附墙装置	符合专项施工方案的规定	
17		专项施工方案	符合专项施工方案的规定	

续表

序号	检查项目		标准	检查结果
18	一般项目	操作人员	经过安全技术交底并持证上岗	
19		运行指挥人员、通信设备	人员已到位，设备工作正常	
20		监督检查人员	总包单位和监理单位人员已到场	
21		电缆线路、开关箱	符合现行行业标准《施工现场临时用电安全技术规范》JGJ 46中的对线路负荷计算的要求；设置专用的开关箱	

检查结论				
检查人签字	总包单位	分包单位	租赁单位	安拆单位

符合要求，同意使用（　　）

不符合要求，不同意使用（　　）

总监理工程师（签字）：　　　　　　　　　　年　月　日

注：本表由施工单位填报，监理单位、施工单位、租赁单位、安拆单位各存一份。

参考文献

1　王立雄，王爱英．建筑力学与结构．北京：中国建筑工业出版社，2007

2　吴承霞．建筑力学与结构（21 世纪全国高职高专土建系列技能型规划教材）．北京：北京大学出版社，2009

3　张毅．建筑力学（上、下册）．北京：清华大学出版社，2007

4　刘玉清，张成．建筑力学（高职高专规划教材）．北京：化学工业出版社，2010

5　杨云芳．建筑力学．杭州：浙江大学出版社，2007

6　雷锡绒．电工基础．北京：中国铁道出版社，2007

7　刘志平，苏永昌．电工基础．北京：高等教育出版社，2006

8　刘先慧．电工基础．成都：电子科技大学出版社，2007

9　杨伟桥，陈景春．机械基础．武汉：中国地质大学出版社，2007

10　姚祥勇．机械基础．天津：天津科学技术出版社，2009

11　唐剑兵．机械基础与结构设计．重庆：重庆大学出版社，2006

12　张玉川．进口液压挖掘机国产化改造．成都：西南交通大学出版社，1999

13　章信才．进口挖掘机液压系统结构原理与维修．沈阳：辽宁科学技术出版社，2008

14　任莉莉．架子工基本技能．北京：中国林业出版社，2009

15　陈绍蕃，顾强．钢结构．北京：中国建筑工业出版社，2007

16　黄海，尚书卿．登高架设工．徐州：中国矿业大学出版社，2009

17　施立生．建筑用塔式起重机技术与管理．合肥：安徽科学技术出版社，2008

18　谢亚力．建筑施工起重、吊装安全技术．北京：中国劳动社会保障出版社，2006

19　何焯．设备起重吊装工程便携手册．北京：机械工业出版社，2005

20　阎西康，张厚先，赵春艳．建筑工程施工．北京：人民交通出版社，2006

21　吕方泉．建筑安全资料编制与填写范例．北京：地震出版社，2006

22　王炳山，杜兆兴．建筑工人安全常识问答．北京：煤炭工业出版社，2006

23　吴兴国，吴志平．架子工．北京：中国环境科学出版社，2006

24　建设部人事司．架子工．北京：中国建筑工业出版社，2007

25　姚亚亚．模板与脚手架工程施工技术措施．北京：经济科学出版社，2005

26　邵国荣．架子工（中 高级）．北京：机械工业出版社，2006

27　岳峰．高层建筑施工附着整体升降钢管脚手架．上海：同济大学出版社，2007

28　徐伟等．高层建筑施工．武汉：武汉理工大学出版社，2003

29　杜荣军．建筑施工安全手册．北京：中国建筑工业出版社，2006